职业技能培训教材

乳及乳制品检测

RUJIRUZHIPIN JIANCE

编委会

主　　任：常　明　王　瑶

副 主 任：张根岭　刘锦芳　曹凤仙

本书主编：张　磊

本书参编：王　薇　王　舒　蔺　瑞　任育萱　吴　昊　于　超

　　　　　王伏超　顾　玥　徐　晨

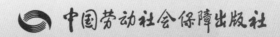
中国劳动社会保障出版社

图书在版编目（CIP）数据

乳及乳制品检测/张磊主编. —北京：中国劳动社会保障出版社，2017
职业技能培训教材
ISBN 978-7-5167-3009-6

Ⅰ.①乳… Ⅱ.①张… Ⅲ.①乳制品 - 食品检验 - 职业培训 - 教材 Ⅳ.① TS252.7

中国版本图书馆 CIP 数据核字（2017）第 180246 号

中国劳动社会保障出版社出版发行

（北京市惠新东街 1 号 邮政编码：100029）

*

北京市艺辉印刷有限公司印刷装订 新华书店经销
787 毫米 × 1092 毫米 16 开本 16.75 印张 316 千字
2017 年 7 月第 1 版 2017 年 7 月第 1 次印刷
定价：**42.00 元**

读者服务部电话：（010）64929211/64921644/84626437
营销部电话：（010）64961894
出版社网址：http://www.class.com.cn

前言

为落实人力资源和社会保障部办公厅《技工院校一体化课程教学改革试点工作方案》（人社厅发〔2009〕86号）文件中的总体要求，贯彻《国家中长期人才发展规划纲要（2010—2020年）》精神，进一步增强技能人才培养的针对性与适应性，加强高技能人才队伍建设，我们组织多年从事食品检验专业教学的骨干教师和企业专家，结合教学与实践经验，共同开发编写了《乳及乳制品检测》教材。

教材的设计以职业能力培养为核心，以职业活动为导向，选取乳及乳制品检测典型工作任务为学习载体，任务设计涵盖乳制品检测岗位工作知识、技能和素质需求，依据食品安全国家标准，体现最新检测技术和新方法，理论知识遵循够用、实用原则。学习任务编写以实际检测过程为主线，实验操作一步一图，突出教材的直观性和易用性。

本教材共设计7个项目26个学习任务，分别包括实验室管理、异常乳检验、乳制品理化检测、乳制品安全检测、辅料及包材检验和乳及乳制品快速检测等内容。教材可以作为职业院校的教材，也可以作为食品检验人员的培训教材或参考资料。

本书在编写过程中参阅了大量的书籍和文献，并得到了北京市职业能力建设指导中心、北京市食品安全监控和风险评估中心等单位的大力支持，在此表示诚挚的感谢。

由于食品安全检测涉及内容广泛，加之编者水平有限，书中疏漏或不当之处在所难免，欢迎广大读者批评指正。

食品工程系编委会
2016年5月

目录 CONTENTS

实验室5S管理及乳品检验基础知识

任务1　实验室 5S 管理

一、5S 管理起源与概述

5S 管理起源于日本，指的是在现场生产中对工作人员、机器、材料、方法等生产要素进行有效的管理，它可以培养员工良好的工作习惯，最终目的是提升人的品质。其活动内容为整理、整顿、清扫、清洁、素养，因日语的拼音均以"S"开头，简称 5S。

5S 间有着内在的逻辑关系，前 3 个 S 直接针对现场，其要点是：将不用的物品从现场清除，将有用的物品定置存放，对现场清扫、检查并保持清洁；后 2 个 S 则从规范化和人的素养高度来巩固 5S 活动效果。具体阐述如下：

整理——区别要与不要的东西，只保留有用的东西，撤除不需要的东西。

整顿——把有用的东西按规定位置摆放整齐，做好标识并进行管理。

清扫——将不需要的东西清除掉，保持工作现场无垃圾、无灰尘、干净整洁。

清洁——将整理、整顿、清扫进行到底，并且制度化、规范化，维持其成果。

素养——通过上述 4S 活动，养成人人依规定行事的良好习惯。

二、乳品检测实验室 5S 管理

检测工作是一项非常严谨的工作，需要检测人员做事认真，养成良好的工作习惯。

1. 目的

进一步落实 5S 的"整理、整顿、清扫、清洁、素养"。通过定置管理，营造一目了然的工作环境。最终目的是提升个人的品质，养成良好的工作习惯。

2. 实验室 5S 执行标准

（1）实验室 5S——工作台面

1）工作时要保持台面有序不乱：任何物品使用完毕后立即按要求放回原位；报告单、原始记录等填写完毕，放回文件架内。

2）检测人员单项项目分析完成后，及时将烧杯、试管等清理到水池，不允许堆积在操作台面；样品分析完成后立即将滴定台、废液桶放回规定区，及时将台面的积液清理掉。

3）检测完成后立即将各个台面上的废料丢到废料箱中，不能在检验台或仪器边堆积。

4）非每天必用的物品必须放入专门的柜内。

5）不能在实验室内存放私人物品，工作台上不能出现手机、钥匙等物品。

6）水杯要放在茶水柜，不能放在操作台上。

（2）实验室 5S——工具、用具

1）用过的实验用具要及时清洗干净。

2）检测人员每次取完样，应将手套放入取样箱内，取样箱放到其定置区。

3）检测人员取样时穿的工作服，戴的手套、口罩等放在抽屉内。

4）物性检测工具及劳保用品均按定置要求放在托盘内，离开前需清洁托盘和工具盒。

5）检测人员做完样品分析后，将洗瓶、量筒、废液杯分别按规定放回定置区内。检测人员使用水池后要将水池周围的水渍擦干净。

6）试剂配制用的容量瓶、量瓶、塑料瓶等，清洗干净后分类放入干燥柜。

7）抹布要定期更换。

8）存放拖把、扫把的地方以及茶水柜等，在每周大扫除时必须彻底清理；平时需收拾整齐。

（3）实验室 5S——通风橱

1）在通风橱内工作完毕后应及时清洁橱内台面，不允许有积液；通风橱柜门保持半关闭状态以保证抽风效果；检测任务结束后须彻底清洁通风橱及橱内物品。

2）检测室每个通风橱内除试剂、移液管、电炉外，必须放一个洗耳球、一个洗瓶、一块抹布；洗耳球及洗瓶需标识，不同通风橱内的物品不能混用。

3）通风橱内只能摆放每天必用物品，在通风橱内做完实验后必须立即将操作台清洁干净。

（4）实验室 5S——地面、柜门及凳子

1) 地面不允许有积液、金属屑、纸屑等杂物，检测人员在工作时间内须保持地面干净；检测任务结束后须将地面清扫后再进行拖地。

2) 取放物品、试剂后，柜门要及时关闭。

3) 凳子的摆放要求：无人使用时，凳子推入桌下；检测任务进行时如果使用其他位置的凳子，用毕须立即回位。

（5）实验室 5S——设备

1) 实验室设备的维护保养由检测人员负责。

2) 实验室设备的使用情况须在使用记录表上登记。尤其对一些电器，如培养箱、干燥箱、马弗炉、离心机、电子分析仪器等，须定期检测绝缘情况，保证用电安全。

3) 设备使用完毕须恢复原状。

4) 电脑及电脑桌确保无灰尘；电脑桌后是卫生死角，要将其作为重点打扫区域。

（6）实验室 5S——药品

1) 药品、标样、溶液都应有标签。

2) 移动、开启大瓶液体药品时，不能将药品瓶直接放在地板上，最好用橡皮布或草垫垫好，药品瓶若为石膏包封的可用水泡软后再打开，严禁锤砸、敲打，以防破裂。

3) 药品存放严格按照药品管理规定执行，易燃、易爆、危险品须定位存放，专人负责保管、使用。

（7）实验室 5S——素养

1) 检测人员上岗前必须穿好工作鞋、工作服、佩戴工作证；检测人员取样时须穿戴好劳保防护用品（护目镜、手套等）。

2) 检测完毕后，离开实验室前应检查水、电、煤气、窗、门等是否关闭，确保安全。

3) 检测人员应积极参与到 5S 建设中：按班组定置要求摆放物品，对不符合工作需要的定置要求可提出更改意见，使定置管理合理化，人性化。

4) 各检测人员要互相帮助。

任务 2　乳及乳制品检验相关法律法规

一、乳品检验的目的和意义

乳品中含有丰富的营养成分，如蛋白质、脂肪、碳水化合物、维生素和矿物质元素等，是人们经常食用的一种食品。乳品质量的好坏，直接影响人们的身体健康。因此，乳品检验工作是从营养、卫生及安全等方面对乳品进行全面评价。

首先，乳品检验工作是进行乳品卫生监督、提高乳品质量的重要环节，主要是对乳及乳制品的原、辅料，半成品及产品进行感官、理化和微生物检验，以确定乳品的品质和安全性，使广大消费者能够饮用安全卫生、营养丰富的健康乳品。

其次，对乳品生产的各环节进行检验，不仅可以了解其质量是否符合生产的要求以及安全、营养、健康的需要，同时也可以发现生产中存在的各种质量问题。

此外，乳品检验还可以为新产品的开发，新技术和新工艺的探讨提供可靠依据。

二、食品卫生和食品污染

1. 食品卫生

食品卫生是指，在食品的培育、生产、制造直至被人摄食为止的各个阶段中，为保证其安全性、有益性和完好性而采取的全部措施。

2. 食品污染

食品污染是指食品在生产、加工、储藏、运输、销售等过程中受到有害物质的侵袭，致使食品的质量安全性、营养性或感官性状发生改变的过程。

（1）食品污染的分类。食品污染经常按其污染源分为以下几类：

1）生物性污染。主要有细菌与细菌毒素、霉菌与霉菌毒素、肠道病毒，借助食品传播的寄生虫与卵，以及毁损食品的仓虫和螨类等污染。在食品的周围环境中，到处都有微生物在活动，食品在生产、加工、储藏、运输及销售过程中，随时都有被微生物污染的可能。其中，细菌对食品的污染是最常见的生物性污染，也是最主要的卫生问题。

2）化学性污染。包括种类复杂的来自生产环境中的各种化学物质。如残留在食品中的各种农药，随同工业废水、废物污染食品的重金属，由工具、容器、包装材料等带入食品中的化学物质，加工助剂等。此外，还包括食品加工储存中产生的有害物质。如酒中的醛类，食品腐败产生的胺类，脂肪酸败产生的醛、酮和过氧化物等。

3）物理性污染。食品的物理性污染通常是指生产加工过程中产生的杂质超过规定的含量，或食品吸附、吸收外来的放射性核素所引起的食品质量安全问题。如乳制品生产过程中混入磁性金属物，就属于物理性污染。

4）放射性污染。放射性污染主要是指放射性物质通过水及土壤污染农作物、水产品、饲料等，并且可通过食物链转移，最终经由生物圈进入食品。

（2）食品污染造成的危害：

1）急性中毒。食品被大量的化学物质或病原微生物及其所产生的毒素污染，进入人体后会引起急性中毒。如有机磷杀虫剂引起的中毒，黄曲霉毒素引起的中毒性肝炎，都属于急性中毒。

2）慢性中毒。食品被某些有害物质污染，含量虽少，但长期食用会造成机体的慢性损害。如长期摄入低剂量的铅可引起慢性中毒，主要表现为造血系统、胃肠道及神经系统病变。

3）致突变和致畸作用。食品中某些污染物能引起生殖细胞和体细胞突变，或在动物胚胎的细胞分化和器官的形成过程中，使胚胎发育异常。如二恶英对多种动物都具有致畸性。

4）致癌作用。如亚硝酸化合物、黄曲霉毒素等会引起人体组织细胞发生癌变。

三、相关法律法规

1. 相关法规文件

《乳品质量安全监督管理条例》（2008.10）

《乳制品工业产业政策（2009 年修订）》

《乳制品生产企业落实质量安全主体责任监督检查规定》（2009.9）

《婴幼儿配方乳粉生产企业监督检查规定》（2013.11）

《企业生产乳制品许可条件审查细则（2010 版）》

《婴幼儿配方乳粉生产许可审查细则（2013 版）》

《关于禁止以委托、贴牌、分装等方式生产婴幼儿配方乳粉的公告》（2013.11）

《进出口乳品检验检疫监督管理办法》（2013.1）

《关于实施〈进出口乳品检验检疫监督管理办法〉有关要求的公告》（2013.4）

《生鲜乳生产收购管理办法》（2008.11）

《生鲜乳生产技术规程（试行）》（2008.10）

《生鲜乳牛产收购记录和进货查验制度》（2011.4）

《生鲜乳收购站标准化管理技术规范》（2009.3）

2. 卫生和良好生产规范

《食品生产通用卫生规范》（GB 14881—2013）

《乳制品良好生产规范》（GB 12693—2010）

《粉状婴幼儿配方食品良好生产规范》（GB 23790—2010）

3. 通用要求

《生活饮用水卫生标准》（GB 5749—2006）

《食品添加剂使用标准》（GB 2760—2014）

《食品营养强化剂使用标准》（GB 14880—2012）

《食品中真菌毒素限量》（GB 2761—2017）

《食品中污染物限量》（GB 2762—2017）

《食品中农药最大残留限量》（GB 2763—2016）

《预包装食品标签通则》（GB 7718—2011）

《预包装食品营养标签通则》（GB 28050—2011）

4. 产品标准

《生乳》（GB 19301—2010）

《巴氏杀菌乳》（GB 19645—2010）

《灭菌乳》（GB 25190—2010）

《调制乳》（GB 25191—2010）

《发酵乳》（GB 19302—2010）

《炼乳》（GB 13102—2010）

《乳粉》（GB 19644—2010）

《乳清粉和乳清蛋白粉》（GB 11674—2010）

《稀奶油、奶油和无水奶油》（GB 19646—2010）

《干酪》（GB 5420—2010）

《再制干酪》（GB 25192—2010）

《乳糖》（GB 25595—2010）

《婴儿配方食品》（GB 10765—2010）

《较大婴儿和幼儿配方食品》（GB 10767—2010）

《婴幼儿谷类辅助食品》（GB 10769—2010）

《婴幼儿罐装辅助食品》（GB 10770—2010）

《特殊医学用途婴儿配方食品通则》（GB 25596—2010）

《生鲜牛初乳》（RHB 601—2005）

《牛初乳粉》（RHB 602—2005）

5. 分析检验标准

《婴幼儿配方食品和乳粉 乳清蛋白的测定》（GB/T 5413.2—1997）

《食品中脂肪的测定》（GB 5009.6—2016）

《婴幼儿食品和乳品中乳糖、蔗糖的测定》（GB 5413.5—2010）

《婴幼儿食品和乳品中不溶性膳食纤维的测定》（GB 5413.6—2010）

《食品中维生素 A、D、E 的测定》（GB 5009.82—2016）

《食品中维生素 K_1 的测定》（GB 5009.158—2016）

《食品中维生素 B_1 的测定》（GB 5009.84—2016）

《食品中维生素 B_2 的测定》（GB 5009.85—2016）

《食品中维生素 B_6 的测定》（GB 5009.154—2016）

《婴幼儿食品和乳品中维生素 B_{12} 的测定》（GB 5413.14—2010）

《食品和乳品中烟酸和烟酰胺的测定》（GB 5009.89—2016）

《婴幼儿食品和乳品中叶酸（叶酸盐活性）的测定》（GB 5413.16—2010）

《婴幼儿食品和乳品中泛酸的测定》（GB 5413.17—2010）

《婴幼儿食品和乳品中维生素 C 的测定》（GB 5413.18—2010）

《食品中生物素的测定》（GB 5009.259—2016）

《婴幼儿食品和乳品中胆碱的测定》（GB 5413.20—2013）

《食品中磷的测定》（GB 5009.87—2016）

《食品中碘的测定》（GB 5009.267—2016）

《食品中氯化物的测定》（GB 5009.44—2016）

《食品中肌醇的测定》（GB 5009.270—2016）

《食品中牛磺酸的测定》（GB 5009.169—2016）

《食品中脂肪酸的测定》（GB 5009.168—2016）

《婴幼儿食品和乳品溶解性的测定》（GB 5413.29—2010）

《乳和乳制品杂质度的测定》（GB 5413.30—2016）

《婴幼儿食品和乳品中脲酶的测定》（GB 5413.31—2013）

《食品相对密度的测定》（GB 5009.2—2016）

《食品酸度的测定》（GB 5009.239—2016）

《食品中胡萝卜素的测定》（GB 5009.83—2016）

《婴幼儿食品和乳品中反式脂肪酸的测定》（GB 5413.36—2010）

《食品中黄曲霉毒素 M 族的测定》（GB 5009.24—2016）

《生乳冰点的测定》（GB 5413.38—2016）

《乳和乳制品中非脂乳固体的测定》（GB 5413.39—2010）

《食品微生物学检验 乳与乳制品检验》（GB 4789.18—2010）

《食品中苯甲酸、山梨酸和糖精钠的测定》（GB 5009.28—2016）

《干酪及加工干酪制品中添加的柠檬酸盐的测定》（GB 22031—2010）

《全脂加糖炼乳检验方法》（GB/T 5418—1985）

《原料乳与乳制品中三聚氰胺检测方法》（GB/T 22388—2008）

《原料乳中三聚氰胺快速检测 液相色谱法》（GB/T 22400—2008）

《食品卫生微生物学检验 鲜乳中抗生素残留检验》（GB/T 4789.27—2008）

《婴幼儿食品和乳品中左旋肉碱的测定》（GB 29989—2013）

《食品微生物学检验 商业无菌检验》（GB 4789.26—2013）

6. 设备标准

《乳品设备安全卫生》（GB 12073—1989）

《散装乳冷藏罐》（GB/T 10942—2001）

《贮奶罐》（GB/T 13879—2015）

《挤奶设备 结构与性能》（GB/T 8186—2011）

7. 包装材料标准

《复合食品包装袋卫生标准》（GB 9683—1988）

《食品安全国家标准 食品接触用塑料材料及制品》（GB 4806.7—2016）

《液体食品包装用塑料复合膜、袋》（GB 19741—2005）

《液体食品无菌包装用纸基复合材料》（GB/T 18192—2008）

《液体食品保鲜包装用纸基复合材料》（GB/T 18706—2008）

《包装用塑料复合膜、袋 干法复合、挤出复合》（GB/T 10004—2008）

任务 3 乳及乳制品质量判定

一、原辅料质量判定

食品原料分为主料、辅料与食品添加剂。原料是做食品的必需材料，辅料是为了食品的颜色、味道、形状等添加的材料。原辅料的质量好坏，直接影响食品的质量。

1. 白砂糖（《白砂糖》GB 317—2006）

（1）级别。白砂糖分为精制、优级、一级和二级共四个级别。

（2）感官要求。

1）粒度。晶粒均匀，粒度在下列某一范围内应不少于80%：粗粒0.80～2.50 mm，大粒0.63～1.60 mm，中粒0.45～1.25 mm，小粒0.28～0.80 mm，细粒0.14～

0.45 mm。

2）滋味、气味。晶粒或其水溶液味甜、无异味。

3）色泽及组织状态。干燥松散、洁白、有光泽，无明显黑点。

（3）理化要求见表 1—3—1。

表 1—3—1　　　　　　　　白砂糖的各项理化指标

项　目		指标			
		精制	优级	一级	二级
蔗糖分 / %	≥	99.8	99.7	99.6	99.5
还原糖分 / %	≤	0.03	0.04	0.10	0.15
电导灰分 / %	≤	0.02	0.04	0.10	0.13
干燥失重 / %	≤	0.05	0.06	0.07	0.10
色值 /IU	≤	25	60	150	240
浑浊度 /MAU	≤	30	80	160	220
不溶于水杂质 /（mg/kg）	≤	10	20	40	60

（4）卫生要求

1）二氧化硫指标见表 1—3—2。

表 1—3—2　　　　　　　　白砂糖的二氧化硫指标

项　目	指标			
	精制	优级	一级	二级
二氧化硫（以 SO_2 计）/（mg/kg）≤	6	15	30	30

2）其他指标。白砂糖的砷、铅、菌落总数、大肠菌群、致病菌、酵母菌、霉菌、螨等项目的指标应符合《食糖》（GB 13104—2014）的要求。

2. 麦芽糖（《麦芽糖》GB/T 20883—2007）

（1）感官要求见表 1—3—3。

（2）理化要求见表 1—3—4。

（3）卫生要求。应符合《淀粉糖》（GB 15203—2014）的规定，见表 1—3—5。

表 1—3—3　　　　　　　　　　　麦芽糖的感官要求

项目	要求		
	液体麦芽糖	麦芽糖粉	结晶麦芽糖
外观	呈黏稠状透明液体，无肉眼可见杂质	无定形粉末或结晶粉末，无肉眼可见杂质	
香气	具有麦芽糖浆的正常香气		
滋味	甜味温和、纯正、无异味		
颜色	无色或淡黄色或棕黄色	白色或略带浅黄色	

表 1—3—4　　　　　　　　　　　麦芽糖的理化要求

项目	项目						结晶麦芽糖
	麦芽糖饴（粉）		麦芽糖浆（粉）		高麦芽糖浆（粉）		
	糖饴	糖饴粉	糖浆	糖粉	糖浆	糖粉	
干物质（固形物）/% ≥	70	—	70	—	70	—	—
水分 /% ≤	—	5	—	5	—	5	6.5
pH 值	4.0 ～ 6.0						
熬糖温度，℃ ≥	115	—	140	—	150	—	
麦芽糖含量（以干物质计）/%	< 50		≥ 50		≥ 70		≥ 95
透射比 /% ≥	95	—	95	—	95	—	
硫酸灰分 /% ≤	0.3						
氯化物 /%	—						0.01
碘试验	—	无蓝色反应	—	无蓝色反应	—	无蓝色反应	无蓝色反应

表 1—3—5　　　　　　　　　　　麦芽糖的卫生要求

项目	指标
总砷（以 As 计）/（mg/kg）　　≤	1.0
铅（Pb）/（mg/kg）　　≤	0.5
铜（Cu）/（mg/kg）　　≤	5.0
二氧化硫残留量（g/kg）	0.04

项目		指标
菌落总数 / (cfu/g)	≤	3000
大肠菌群 / (MPN/100 g)	≤	30
致病菌（沙门氏菌、志贺氏菌、金黄色葡萄球菌）		不得检出

3. 乳酸《食品添加剂　乳酸》（ GB 2023—2003 ）

（1）性状：油状液体。

（2）气味：无刺激，无异味。

（3）理化要求见表 1—3—6。

表 1—3—6　　　　　　　　　　乳酸的理化要求

项目		指标	
		L（＋）乳酸	DL- 乳酸
L（＋）乳酸占总酸的含量 /%	≥	95	—
色度（APHA）	≤	50	150
乳酸含量 /%		80 ~ 90	
氯化物（以 Cl⁻ 计）/%	≤	0.002	
硫酸盐（以 SO_4^{2-} 计）/%	≤	0.005	
铁盐（以 Fe 计）/%	≤	0.001	
灼烧残渣 /%	≤	0.1	
砷（以 As 计）/（mg/kg）	≤	1	
重金属（以 Pb 计）/（mg/kg）	≤	10	
钙盐		合格	
易碳化合物		合格	—
醚中溶解度		合格	
柠檬酸、草酸、磷酸、酒石酸		合格	
还原糖		合格	
甲醇 /%	≤	0.2	—
氰化物 /（mg/kg）	≤	5	

4. 柠檬酸(《食品添加剂 柠檬酸》GB 1987—2007)

(1)感官要求。无色或白色结晶状颗粒或粉末(二级略显灰黄色);无臭,味极酸;易溶于水,溶于乙醇,微溶于乙醚;水溶液呈酸性反应,一水柠檬酸在干燥空气中略有风化。

(2)理化要求见表1—3—7。

表1—3—7 柠檬酸的理化要求

项目		无水柠檬酸	一水柠檬酸
含量 /%		99.5 ~ 100.5	99.5 ~ 100.5
透光率 /%	≥	96.0	95.0
水分 /%		≤ 0.5	7.5 ~ 9.0
易炭化物	≤	1.0	1.0
硫酸灰分 /%	≤	0.05	0.05
氯化物 /%	≤	0.005	0.005
硫酸盐 /%	≤	0.01	0.015
草酸盐 /%	≤	0.01	0.01
钙盐 /%	≤	0.02	0.02
铁 /(mg/kg)	≤	5	5
砷盐 /(mg/kg)	≤	1	1
铅 /(mg/kg)	≤	0.5	0.5
水不溶物		过滤时间不超过 1 min,滤膜基本不变色,目视可见杂色颗粒不超过 3 个	过滤时间不超过 1 min,滤膜基本不变色,目视可见杂色颗粒不超过 3 个

5. L-苹果酸(《食品添加剂 L-苹果酸》GB 1886.40—2015)

(1)感官要求见表1—3—8。

表1—3—8 苹果酸的感官要求

项目	要求	检验方法
色泽	白色	取适量试样于清洁、干燥的白磁盘中,在自认光下观察其色泽和状态,嗅其气味
状态	结晶或结晶粉末	
气味	特殊的酸味	

（2）理化及卫生要求见表1—3—9。

表1—3—9　　　　　　　　苹果酸的理化及卫生要求

项目		指标
L-苹果酸（以 $C_4H_6O_5$ 计），w / %	≥	99.0
比旋光度 am（20 ℃，D）/ [（。）·dm^2·kg^{-1}]		-1.6 ～ -2.6
灼烧残渣，w / %	≤	0.10
澄清度		通过试验
硫酸盐（以 SO_4^{2-} 计），w / %	≤	0.02
氯化物（以 Cl^- 计），w / %	≤	0.004
富马酸，w / %	≤	0.5
马来酸，w / %	≤	0.05
重金属（以 Pb 计），w /（mg/kg）	≤	10
砷（以 As 计），w /（mg/kg）	≤	2
铅（Pb），w /（mg/kg）	≤	2

6. 褐藻酸钠（《食品添加剂　褐藻酸钠》GB 1976—2008）

（1）产品规格见表1—3—10。

表1—3—10　　　　　　　　褐藻酸钠的产品规格

规格	低黏度	中黏度	高黏度
黏度 /（mPa·s）	< 150	150 ～ 400	> 400

（2）理化要求见表1—3—11。

表1—3—11　　　　　　　　褐藻酸钠的理化要求

项目		指标
色泽及性状		乳白色至浅黄色或浅黄褐色粉状或粒状
pH 值		6.0 ～ 8.0
水分 / %	≤	15.0
灰分（以干基计）/ %		18 ～ 27
水不溶物 / %	≤	0.6
透光率 / %		符合规定
铅（Pb）/（mg/kg）	≤	4
砷（As）/（mg/kg）	≤	2

7. 羧甲基纤维素钠（《食品添加剂　羧甲基纤维素钠》GB 1904—2005）

羧甲基纤维素钠按黏度范围分为四型。其型号、命名及对应黏度范围见表1—3—12。

表1—3—12　　　　　　　　　　羧甲基纤维素钠型号

型号	特高黏度型	高黏度型	中黏度型	低黏度型
命名[a]	FVH×	FH×	FM×	FL×
对应黏度范围/（mPa·s）	≥ 500[b]	200 ～ 500[c]	400 ～ 2000[d]	25 ～ 400[e]

a　命名中 × 表示取代主值
b、c　质量分数为1%水溶液的黏度
d、e　质量分数为2%水溶液的黏度

（1）外观。羧甲基纤维素钠呈白色或微黄色纤维状粉末。

（2）技术要求见表1—3—13。

表1—3—13　　　　　　　　　　羧甲基纤维素钠的技术要求

项目		指标
黏度（质量分数为2%水溶液）[a]/（mPa·s）	≥	25
取代度		0.20 ～ 1.50
pH 值（10 g/L 水溶液）		6.0 ～ 8.5
干燥减量的质量分数 / %	≤	10.0
氯化物（以 Cl⁻ 计）质量分数 / %	≤	1.2
砷（As）的质量分数 / %	≤	0.0002
铅（Pb）的质量分数 / %	≤	0.0005
重金属（以 Pb 计）的质量分数 / %	≤	0.0015
铁（Fe）的质量分数 / %	≤	0.02

注：砷（As）的质量分数、铅（Pb）的质量分数和重金属（以 Pb 计）的质量分数为强制性要求。
a　当黏度（质量分数为2%水溶液）≥ 2000mPa·s时应改用质量分数1%的水溶液测定。

8. 淀粉（《食用玉米淀粉》GB/T 8885—2008）

（1）感官要求见表1—3—14。

表1—3—14　　　　　　　　　　淀粉的感官要求

项目	指标		
	优级品	一级品	二级品
外观	白色或微带浅黄色阴影的粉末，具有光泽		
气味	具有玉米淀粉固有的特殊气味，无异味		

（2）理化要求见表 1—3—15。

表 1—3—15　　　　　　　　　　淀粉的理化要求

项目		指标		
		优级品	一级品	二级品
水分 / %	≤		14.0	
酸度（干基）/ °T	≤	1.50	1.80	2.00
灰分（干基）/ %	≤	0.10	0.15	0.18
蛋白质（干基）/ %	≤	0.35	0.45	0.60
斑点 /（个 /cm²）	≤	0.4	0.7	1.0
脂肪（干基）/ %	≤	0.10	0.15	0.20
细度 / %	≥	99.5	99.0	98.5
白度 / %	≥	88.0	87.0	85.0

注：淀粉酸度，以 10.0 g 试样消耗氢氧化钠溶液（0.1000 mol/L）的体积（mL）表示。

（3）卫生要求见表 1—3—16。

表 1—3—16　　　　　　　　　　淀粉的卫生要求

项目		指标		
		优级品	一级品	二级品
二氧化碳 /（mg/kg）	≤		30.0	
砷（以 As 计）/（mg/kg）	≤		0.5	
铅（以 Pb 计）/（mg/kg）	≤		1.0	
大肠菌群 /（MPN/100 g）	≤		70	
霉菌 /（CFU/g）	≤		100	

注：MPN（Most Probable Number）是对样品中活菌密度的估计，是一个最可能数，大肠菌群（MPN）值越大表示污染越严重。CFU（Colony Forming Units）是指菌落形成单位数。

9. 香精（《食品用香精》GB 30616—2014）

（1）感官要求见表 1—3—17。

表 1—3—17　　　　　　　　　　香精的感官要求

项目	要 求
色状 a	符合同一型号的标准样品
香气	符合同一型号的标准样品
香味 b	符合同一型号的标准样品

a 在储存期中，部分产品会呈轻度浑浊、沉淀或变色现象，应不影响使用效果
b 香味的测定不适用于以动物油为溶剂的产品

（2）理化指标见表1—3—18。

表1—3—18　　　　　　　　　香精的理化指标

项目	液体香精	乳化香精	浆（膏）状香精	粉末香精	
				拌和型	胶囊型
相对密度（25/25 ℃或20/20 ℃或20/4 ℃）	$D_{标样}\pm0.010$	—			
折光指数（25 ℃或20 ℃）	$n_{标样}\pm0.010$	—			
水分/% ≤	—			20.0	15.0
过氧化值^a/（g/100 g） ≤	0.5	—			
粒度（规定范围）	—	$\leq2\mu m$并均匀分布^c	—		$\geq90.0\%$
原液稳定性	—	不分层	—		
千倍稀释液稳定性^d	—	无浮油，无沉淀	—		
重金属（以Pb计）含量/（mg/kg） ≤	10				
砷（以As计）含量	≤3 mg/kg（对含有来自海产品成分的食品用香精只测定无机砷含量，无机砷含量应≤1.5 mg/kg）				
甲醇含量^b/%	0.2	—			

注：相对密度、折光指数、水分、粒度、原液稳定性、千倍稀释液稳定性为出厂检验项目，型式检验为全项目检验项目，每年进行一次。
　　a　过氧化值的测定只适用于动植物油含量≥20%的产品。
　　b　甲醇含量的测定只适用于食用酒精含量20%的产品。
　　c　乳化香精的粒度只适用于饮料用乳化香精。
　　d　千倍稀释液稳定性只适用于饮料用乳化香精。

（3）微生物指标见表1—3—19。

表1—3—19　　　　　　　　　香精的微生物指标

项目	液体香精	乳化香精	浆（膏）状香精	粉末香精	
				拌和型	胶囊型
菌落总数/CFU/g或CFU/mL	—	≤5000		≤30000	
大肠菌群/MPN/g或MPN/mL	—	≤3.6		≤15	

二、乳粉质量判定

乳粉是以鲜乳为原料，经预处理及真空浓缩，然后喷雾干燥而制成的粉末状食品。

每 8 份鲜乳约生产 1 份乳粉（质量比），对比鲜乳，乳粉质量减轻、体积缩小，既节省材料和包装运费，又可长期保存。

1. 乳粉的特点及分类

（1）乳粉的特点

1）颜色。颜色为乳白色或乳黄色，色泽均匀、有光泽。

2）组织状态。塑料袋装的乳粉用手捏时，感觉柔软松散，有轻微的"沙沙"声；玻璃罐装的乳粉，将罐慢慢倒置轻微振摇时，罐底无黏着的乳粉。

3）风味。具有消毒牛乳的纯味。全脂乳粉具有微甜、细腻适口的乳香味，脱脂乳粉则味道较淡。

4）冲调实验。取一勺乳粉放入玻璃杯内，用开水充分调和后静置 5 min，水与乳粉溶在一起没有沉淀。

（2）乳粉分类

乳粉按原料和工艺可分为以下八大类：

1）全脂乳粉。由新鲜牛（羊）乳为原料，经喷雾干燥而成的粉（块）状产品。食前加水冲调，即成复原乳。全脂乳粉供冲调后直接饮用，也可用作食品工业原料。

2）全脂加糖乳粉。又称全脂甜乳粉，以牛乳或羊乳、白砂糖为原料，经浓缩、干燥制成的粉状产品。成品中蔗糖含量按规定不得超过 20%。

3）脱脂乳粉。以除去脂肪的脱脂乳（生产奶油的副产品）为原料，再经过喷雾干燥而制成。成品中脂肪含量一般不超过 2%，蛋白质含量不低于 32%。脱脂奶粉主要是作为加工其他食品的原料，或是供特殊营养需要的消费者食用。其特点是脂肪含量低，不易氧化变味，保藏期长，因此也可将脱脂乳粉和奶油从产地运往城市，按比例调配，生产再制奶。

4）调制乳粉。根据婴幼儿或其他人群的特殊营养需要，以鲜乳为基础添加其他营养素，按乳粉生产工艺制成的粉末状食品。供婴儿食用的调制乳粉是模拟人乳中氨基酸、脂肪酸、乳糖、矿物质的组分含量进行调配，并添加维生素和微量元素进行强化。按不同月龄婴幼儿的营养需要，形成系列化产品。

5）速溶乳粉。特点是具有良好的可湿性与分散性，用冷水冲调也能迅速溶解。其生产工艺的关键是提高浓缩乳的浓度，放大喷雾嘴的锐孔（或降低离心喷雾机的转速），并通过流化床进行附聚，以取得大颗粒乳粉。

6）保健乳粉。如双歧乳杆菌乳粉、嗜酸菌乳粉、酸乳粉等，都是以牛乳为原料，接入各自特定的纯粹菌种，经保温培养后干制而成。其外观和普通乳粉相同，但含有对人体健康有益的活菌。用前加 5～6 倍温水，在 40 ℃左右保温 5～10 h，凝固后即可饮用。

7）酪乳粉。由奶油副产品酪乳干制而成，用作食品工业原料。

8）乳清粉。由生产干酪的副产品乳清干制而成。因富含乳清蛋白，可用作生产婴幼儿调制乳粉的原料。

20世纪70—80年代，我国生产的乳粉主要是以全脂乳粉和加糖乳粉为主。90年代以后，随着乳业的迅猛发展以及人们消费观念的转变、收入的增加，配方乳粉如婴儿配方乳粉、中老年配方乳粉的需求量在逐年增加。

2. 乳粉不合格的原因分析

（1）乳粉水分含量高，主要原因有：

1）喷雾干燥过程中进料量、进风量、排风温度及排风量控制不当。

2）因雾化器阻塞等原因影响雾化效果，导致雾化后的乳滴太大而不易干燥。

3）乳粉包装间的空气相对湿度偏高，导致乳粉吸湿而使水分含量上升。包装间的空气相对湿度保持为50%～60%比较合适。

4）乳粉冷却过程中冷风温度过高。

5）乳粉包装封口不严或包装材料本身密封性差。

（2）乳粉溶解性差，主要原因有：

1）原料乳的质量差。牛乳中的蛋白质热稳定性差，受热容易发生变性。

2）牛乳在杀菌、浓缩或喷雾干燥过程中温度偏高或受热时间较长，也会引起牛乳蛋白质受热过度而发生变性。

3）牛乳或浓缩乳在较高温度下长时间放置同样会导致蛋白质变性。

4）储存条件没有达到要求，存放时间过久也是导致乳粉溶解性差的原因。

（3）乳粉有脂肪氧化味，主要原因有：

1）乳粉中游离脂肪酸的含量过高，容易导致乳粉氧化变质产生氧化味。

2）乳粉中的脂肪在酯酶及过氧化酶的作用下，产生游离的挥发性脂肪酸，使乳粉产生刺激性的臭味。

3）乳粉储存环境温度高、湿度大或暴露于阳光下也容易导致乳粉产生氧化味。

（4）杂质度过高，主要原因有：

1）原料乳净乳不彻底。

2）生产过程中受到二次污染。

3）干燥时热风温度过高，导致风筒周围产生焦粉。

4）分风箱热风调节不当产生涡流，使乳粉局部受热过度而产生焦粉。

（5）细菌总数过高，主要原因有：

1）原料乳污染严重，细菌总数过高，杀菌后细菌残留量仍偏高。

2）杀菌温度和时间没有按照工艺要求执行。

3）板式换热器的气垫圈老化破损，使生乳混入杀菌乳中。

4）生产过程中受到二次污染。

三、干酪质量判定

1. 干酪及其分类

干酪是指在乳中加入适量的乳酸菌发酵剂和凝乳酶，在乳蛋白质（主要是酪蛋白）凝固后排除乳清，将凝块压成所需形状而制成的产品。干酪是乳制品中品种最多的，据有关资料介绍，世界上干酪的种类达 800 种以上，其中比较著名的有 20 种左右。

国际上通常将干酪分为三大类：天然干酪、融化干酪和干酪食品。干酪种类的划分和命名主要依据干酪的原产地、制造方法、外观、理化性质和微生物学特性等项内容而区分。根据干酪水分含量的不同可将干酪分为硬质、半硬质、软质三大类，具体品种分类见表 1—3—20。

表 1—3—20　　　　　　　　　　　　干酪的品种分类

种类		与成熟有关的微生物	水分含量（%）	主要产品
软质干酪	新鲜	不成熟	40 ~ 60	农家干酪 稀奶油干酪 里科塔干酪
	成熟	细菌		比利时干酪 手工干酪
		霉菌		法国浓味干酪 布里干酪
半硬质干酪		细菌	36 ~ 40	砖状干酪
		霉菌		—
硬质干酪	实心	细菌	25 ~ 36	荷兰干酪 荷兰圆形干酪
	有气孔	细菌（丙酸菌）		埃门塔尔干酪 瑞士干酪
特硬干酪		细菌	<25	帕尔门逊干酪 罗马诺干酪
融化干酪		—	40 以下	融化干酪

2. 干酪的营养价值

干酪有丰富的营养价值，除了脂肪、蛋白质外，干酪还含有全部的人体必需氨基酸。

干酪中的蛋白质含量为 20% ～ 35%，每 100 g 软干酪可提供一个成年人每日蛋白质需求量的 30% ～ 40%，每 100 g 硬干酪可提供 40% ～ 50%。

干酪中的蛋白质主要是酪蛋白，其生物学价值低于全乳蛋白质，但高于单纯的酪蛋白。由于干酪在成熟过程中会发生一系列的蛋白预消化作用，因此其实际消化率为 96.2% ～ 97.5%，某些品种的干酪甚至可达 100%，而全脂牛奶的消化率只有 91.9%。同时，干酪蛋白质中必需氨基酸的利用率为 89.1%，而牛奶仅为 85.7%。

干酪中还含有钙、磷等矿物质。每 100 g 干酪平均含钙 800 mg，是牛奶的 6 ～ 8 倍。每 100 g 软质干酪可提供人体钙日需求量的 30% ～ 40%，磷日需求量的 12% ～ 20%。每 100 g 硬质干酪则可完全满足人体钙、磷日需求量的 40% ～ 50%。干酪可提供高含量的生物合成钙，因此是最佳的补钙食品。

大多数的干酪富含维生素 A、B 和叶酸。每 100 g 干酪约含维生素 A_1 200IU，可满足成人日需求量的 30% ～ 40%。

3. 干酪不合格的原因分析

干酪出现质量缺陷的原因有很多，如原料奶的问题、发酵问题、操作问题等，一般情况下，干酪的缺陷主要有以下几种。

（1）干酪的外观缺陷见表 1—3—21。

表 1—3—21　　　　　干酪外观缺陷的产生原因及解决办法

外观缺陷	产生原因	解决办法
表面塌陷	干酪中的水分含量过高或酸化太弱引起的，也可能是发酵时温度或湿度过高造成的	控制以上环节，达到要求的数值即可
变形	干酪在压榨过程中受力不均匀造成的	确保压榨均衡
蜡衣过厚	挂蜡温度过低或浸蜡时间过短造成的	提高挂蜡温度或延长浸蜡时间
蜡衣过薄	挂蜡温度过高或浸蜡时间过长造成的	降低挂蜡温度或缩短浸蜡时间
外皮开裂	压榨强度过低或受机械损伤等	在生产过程中避免受机械损伤或增加压榨强度
变色	（1）受一些金属离子如铁、铅等影响产生黑色的硫化物，从而形成的黑变 （2）受干酪中微生物的影响，从而产生了色素物质	—

（2）干酪的内部质量缺陷

1）硬度。一般导致干酪结构坚硬的原因是水分含量太低，该现象产生的原因有许多，但一般认为这与干酪中的脂肪含量有关。

2）色泽。干酪的内部质量缺陷（色泽）产生原因及解决办法见表1—3—22。

表 1—3—22　干酪的内部质量缺陷（色泽）产生原因及解决办法

内部质量缺陷（色泽）	产生原因	解决办法
红色的边缘	盐水温度过低，盐水中亚硝酸盐过多所致	控制好盐水的温度及盐水中亚硝酸盐的含量
褐色边缘	涂层中的色素进入到了干酪内部，导致颜色发生变化	控制干酪涂层的形变
硝酸盐颜色（微红色）	与原料乳中添加了较高的硝酸盐有关	控制硝酸盐的用量

3）结构缺陷。干酪产生结构性缺陷的主要原因及解决办法见表1—3—23。

表 1—3—23　干酪的内部质量缺陷（结构）产生原因及解决办法

内部质量缺陷（结构）	产生原因	解决办法
质地干燥	在干酪的加工过程中，凝乳切割过小、原料乳脂肪含量过高、搅拌时温度过高等原因都会导致干燥的质量缺陷	控制好工艺条件
组织松散	压榨或成熟时温度过高、发酵酸度没有达到要求	控制好工艺参数
组织紧密	干酪孔眼太少，与发酵剂中产气菌太少有关。另外，与原料乳中加入了过多的硝酸盐以及发酵储存期间温度过低也有一定关系	—

4）滋气味变化。干酪常见的滋气味变化主要是产生了酸味、酵母味、苦味、咸盐味等。

①酸味。酸化过强所致。

②酵母味。干酪中酵母菌生长旺盛所致。

③苦味。产生的苦味主要是蛋白质被分解为苦味肽造成的。添加了过多的凝乳酶，高温杀菌，产生苦味的乳酸菌、酵母菌等都是苦味产生的来源，只有很好的控制这些环节，才能避免苦味的形成。另外，食盐添加过多也会产生苦味。

④咸盐味。是食盐添加过多造成的。食盐要根据干酪品种的特点适当添加。

四、奶油质量判定

1. 奶油的特点及分类

奶油是指乳中分离的乳脂肪（即稀奶油），经成熟、搅拌、压炼而制成的乳制品。其状态为 W/O 乳化体系，脂肪含量一般为 80% ～ 83%，水分含量低于 16%，水中溶有残留的非脂乳固体，加盐奶油含食盐 2.0% ～ 2.4%。

奶油是含有较高热能且营养丰富的含脂产品，又称黄油、白脱、酥油等。奶油主要用作烘焙食品、糖果、冰淇淋等的原料，进餐时用于涂抹面包直接消费的数量也占较大的比例。

奶油按照是否加盐，可分为加盐奶油、无盐奶油；按照含水量分类，可分为奶油和无水奶油；按照加工原料分类，可分为甜性奶油和酸性奶油；最常见的分类方法是按照加工制造的方法分为以下几种：

（1）鲜制奶油。以高温杀菌的鲜奶油制成，分为加盐奶油和不加盐奶油，具有较甜的乳香味，含脂率为 80% ～ 85%。

（2）酸制奶油。将高温杀菌的稀奶油，用纯乳菌发酵后加工而成。它可以加盐或不加盐，具有微酸和浓郁的乳香味，含脂率为 80% ～ 85%。

（3）重制奶油。将水分、食盐超过指标的或是组织中有水珠、空隙而不符合标准的奶油经过加热熔融，除去蛋白质和水分后制成，具有特有的乳脂香味，含脂率约为 98%。

（4）脱水奶油。将高温杀菌的稀奶油制成奶油粒后继续熔化，用分离机脱水，再经过真空浓缩而制成，含脂率高达 99.9%。

（5）连续式机制奶油。用杀菌后的稀奶油为原料，不经发酵，在连续式生产线中直接制成的奶油。

2. 奶油不合格的原因分析（表 1—3—24）

表 1—3—24　　　　　　　　奶油不合格的产生原因及解决办法

缺陷	产生原因	解决办法
奶油呈软膏状或黏胶状	①搅拌温度过高 ②洗涤水温度过高 ③稀奶油的酸度太低且成熟不足，冷却温度选择不当	控制搅拌、洗涤水温度和冷却温度
奶油易碎（过硬），可塑性差	①采用的稀奶油冷却温度不合适 ②压炼过度	控制冷却温度，适度压炼

续表

缺陷	产生原因	解决办法
奶油剖面上有水珠	① 压炼方法不当 ② 压炼时间过长或过短	控制压炼时间和方法
油脂臭味	① 奶油储存温度高、时间长或暴露在光线中，会导致空气中的氧气和奶油中的不饱和脂肪酸接触发生氧化 ② 奶油中含有铜、铁等金属离子时，也易促使脂肪氧化，产生氧化臭	控制储存条件
酸败味	① 原料酸度过高 ② 杀菌强度不足，稀奶油中的酶未被充分钝化 ③ 洗涤次数不够或洗涤不彻底 ④ 储存温度过高	严格控制原料酸度，杀菌、洗涤彻底，储存适当
肥皂味	① 中和稀奶油时中和过度 ② 中和速度过快，引起局部皂化	中和适度
色泽异常	① 色泽较淡是由于冬季原料乳中胡萝卜素含量较低，造成成品色泽偏淡 ② 色泽黯淡无光是由于稀奶油不够新鲜或压炼不当 ③ 有黑色、绿色火红色斑点是由于储藏温度不当，导致霉菌等微生物滋生	严格控制微生物
水分过多	① 稀奶油在物理成熟阶段冷却不足 ② 搅拌过度 ③ 洗涤水温度过高，时间过长 ④ 压炼方法不当，洗涤水未排放干净或脱水不足	冷却充分，搅拌适度，压炼方法适当
微生物指标超标	① 稀奶油杀菌温度未达到要求 ② 工作人员个人卫生不符合要求 ③ 设备、器具或管道内有奶垢，清洗消毒不彻底	杀菌彻底，严格控制微生物

项目二
异常乳及掺杂掺假乳的检验

【先导知识】

目前已知牛乳中至少含有上百种化学成分，是一种分散质种类繁多，分散度差异很大的复杂分散体系，因此形成了内容丰富的物理特性，主要包括色泽、滋气味、密度、冰点与沸点、酸度、黏度、电导率、表面张力和折射率等诸多内容。

一、常乳及异常乳

从能否用于生产加工的层面上划分，生鲜乳在乳品行业中一般被分为常乳和异常乳两大类。乳牛产犊一周后至干奶期开始前两周，这一阶段生产的乳称为常乳，其成分和性质较为稳定，是乳品行业加工使用的原料乳。受生理、病理或其他因素影响，使乳在成分与性质上发生变化的，称之为异常乳。异常乳主要分为生理异常乳、病理异常乳、细菌污染乳、化学异常乳及含抗生素乳。原料乳的质量好坏对其加工过程及产品的品质影响很大，通常情况下，异常乳是不宜用于乳品加工的。所以，乳品加工厂在接收原料乳时，必须根据相关标准的规定及时进行包括感官、理化及微生物、农残兽残、掺杂掺假等一系列检验，不符合标准的一律拒收，符合标准的按质论价，分别进行收购处理，从而保证成品的质量。

二、原料乳的掺杂掺假问题

近年来，乳制品安全问题层出不穷，凸显了原料乳质量安全控制的重要性，而原料乳掺杂、掺假等问题直接影响乳及乳制品的质量。由于自身利益的驱使，奶农及鲜奶收购的中间环节会出现在鲜奶中掺杂或掺假的行为，直接影响乳制品加工企业的产品质量和经济效益，同时还会对消费者的身体健康造成不同程度的危害。随着鲜乳收购的检测标准日益增多，向鲜乳中掺杂掺假的方式和手段也日趋复杂，所用物质更是五花八门。

根据其添加目的不同，原料乳掺杂掺假的情况主要有两大类：一类是向鲜牛奶中掺水以增加鲜乳重量，但由于掺水后牛乳变稀、密度下降，蛋白、脂肪和乳糖等主要成分含量相应降低，于是通过加入高密度物质、蛋白替代物、脂肪替代物和增稠剂等来补充各种成分的不足，进而非法牟利；另一类是向已酸败的牛奶中加入各种防腐剂、抗生素或碱类等，来延长保质期或以次充好。

任务 1　乳品感官试验

>>> 【学习目标】

1. 了解原料乳感官试验的内容及方法。
2. 能运用原料乳感官评定标准进行评定。

【任务引入】

感官试验是通过人的感觉器官来判断原料乳的色泽、口感、状态等的一种方法，主要有色泽、滋味、气味、组织状态等项目。

色泽是感官试验的一个重要项目，可通过对明度、色调、饱和度等方面进行衡量和比较后判定。

嗅觉是浮游于空气中的微粒刺激鼻孔嗅觉神经所引起的感觉。原料乳的气味是其本身所固有的、独特的，即原料乳的正常气味。当原料乳的质量出现异常时，其气味就会先发生变化，人的嗅觉既复杂又敏感，可以很容易地将其分辨出来。

品尝也是感官试验的重要一项，原料乳中的可溶性物质能够溶于唾液，通过刺激舌面的味觉神经发生味觉反应。舌尖对甜味较敏感，舌的两侧边缘是普通酸味的敏感区，舌根对于苦味较敏感，但这些都不是绝对的，在感官试验时应通过舌的全面品尝来决定。

组织状态是指从外观上观察原料乳所具有的一些特点，如乳黏稠度、细腻度等，也是体现其质量的一个重要指标。

在实际生产过程中，原料乳入厂检验的第一道关卡即是感官试验，因此其检验的结果是否客观正确，将直接影响整个生产工艺，是决定最终品质好坏的重要指标。

【任务分析】

感官试验鉴别原料乳，主要是观其色泽、组织状态，嗅其气味和尝其滋味，必须做到三者并重，缺一不可。本任务依据《生乳》（GB 19301—2010）中规定的原料乳感官评定标准，从视觉、嗅觉、味觉三个方面对原料乳进行检验。

【相关知识】

一、原料乳的感官评定项目

原料乳的感官评定项目包括色泽、滋味和气味、组织状态三项。

1. 色泽

正常新鲜的牛乳呈不透明的白色或淡黄色，称为乳白色，这是牛乳的基本色调，其中呈现的白色是乳中的酪蛋白酸钙 - 磷酸钙胶粒以及脂肪球等微粒对光的不规则反射所产生，牛乳中略带淡黄色是由于其所含的脂溶性胡萝卜素和叶黄素，而水溶性的核黄素会使乳清略带荧光性黄绿色。

如果原料乳出现基本色调以外的颜色，则可判定为颜色异常乳。例如，乳房炎乳或牛乳头破裂会导致血细胞进入牛乳中，原料乳的颜色就可能会呈现红色或黄红色。由于牛初乳和常乳在成分和理化性质上差别很大，其总干物质含量高出常乳 1 倍多，因此会呈黄褐色或明显的黄色。受到微生物（如嗜冷菌、球菌类以及红色酵母等）污染的牛乳，色泽可能会发生黄变、赤变、蓝变等。当然，也有可能是人为加入某种色素以掩盖牛乳的异常颜色。

2. 滋味和气味

挥发性脂肪酸等物质的存在，使牛乳具有一种特有的奶香，味微甜，这种特有的味道在牛乳加热后更加强烈，冷却后则减弱。此外，由于牛乳中含有一定量的氯离子，所以牛乳略微带有咸味，但正常牛乳在乳糖、蛋白质和脂肪等成分的调和下，咸味被掩盖而不易被察觉。

由于个体差异、饲料以及各种外界因素的影响，牛乳的滋味和气味可能会出现以下几种异常。

（1）乳牛臭味。患有酮病的乳牛产生的牛乳，或牛乳中二甲硫的含量过高时，会产生一种强烈的乳牛臭味。

（2）杂草味。由于乳牛摄食韭菜、大蒜、毛茛、苦艾、猪杂草及甘菊等，从而导致牛乳产生的一种气味。

（3）饲料味。由于冬季、春季牧草减少，乳牛多以各种青储料、芜青、卷心菜、甜菜等人工饲养，这种情况下牛乳可能会产生饲料味。如果挤出的牛乳未能及时过滤冷却送出牛舍，也会使得牛乳中的脂肪吸收牛舍、饲料及粪便等产生的臭味。

（4）氧化味。氧化味是指因乳脂肪氧化而产生的不良气味。氧化味的产生与重金属、抗坏血酸、氧、光线以及饲料、牛乳处理、储藏温度和季节等都相关，其中尤以铜和抗坏血酸的影响最大。另外，光线所诱发的氧化味与牛乳中的核黄素有关。

（5）脂肪分解味。当牛乳中的脂肪被脂肪酶水解时，产生的低级挥发性脂肪酸游离在乳中会产生脂肪分解味。

（6）蒸煮味。乳清蛋白中的 β-乳球蛋白加热后产生的硫氢基，会赋予牛乳蒸煮味。例如，牛乳在 70～72 ℃，加热 30 min；或 76～78 ℃，加热 3 min，均可使牛乳产生蒸煮味。

（7）浓厚的咸味。咸味主要是牛乳中的氯离子含量高所导致，例如，末乳和乳房炎乳因氯离子含量较高，可能出现浓厚的咸味。此外，也不排除人为加入盐类而造成。

（8）日光味。如果将牛乳放在阳光下照射 10 min，乳清蛋白会因受到阳光照射而变性，产生类似烧焦羽毛味的日光味，其味道产生的主要成分为乳蛋白质-维生素 B_2 的复合体，其强度与维生素 B_2 和色氨酸的被破坏程度有关。

（9）由微生物引起的异常风味：

1）酸味：由乳酸菌代谢乳糖所产生。

2）异臭：由蛋白分解菌、脂肪分解菌等分解蛋白质、脂肪所产生。

3）果味：由嗜冷微生物生长所产生。

4）麦芽味：由于乳酸链球菌变种生长所产生。

5）醋臭味：由某些酵母菌属作用所产生。

6）戊醇臭味：由小球菌属细菌作用所产生。

7）苦味：受到圆酵母或低温菌作用，牛乳产生脂肽化合物；或是解脂酶作用于牛乳产生游离脂肪，都会产生苦味。另外，末乳因含有的解脂酶较多，将其静置 1 h 后就会出现苦味；乳牛食用扁豆等杂食，也可能是牛乳带有苦味的原因。

3. 组织状态

牛乳在正常情况下应呈现为均匀无沉淀的流体，但受到微生物污染或有其他异物添加时，会使其组织状态发生改变，出现浓厚、凝块、沉淀等状态。

二、原料乳感官评定标准

2010 年 3 月 26 日我国发布了《生乳》（GB 19301—2010），该标准明确给出了生乳的定义，即从符合国家有关要求的健康奶畜乳房中挤出的无任何成分改变的常乳，产犊后七天的初乳、应用抗生素期间和休药期间的乳汁、变质乳不应用作生乳。目前，我国原料乳的感官评定使用以下标准（见表 2—1—1）。

表 2—1—1　　　　　　　　　　　　原料乳的感官要求

项目	要求
色泽	呈乳白色或微黄色
滋味、气味	具有乳固有的香味，无异味
组织状态	呈均匀一致液体，无凝块、无沉淀、无正常视力可见异物

三、感官评定中的注意事项

1. 视觉鉴别方法的注意事项：鉴别原料乳时，首先要将其注入干净的无色玻璃器皿中，透过光线来观察牛乳的色泽和状态；也可将瓶子倒置，观察其中是否有絮状物悬浮或杂质下沉。

2. 嗅觉鉴别方法的注意事项：嗅觉鉴别是利用牛乳中一些具有挥发性的物质形成的气味，因此在进行嗅觉鉴别时常常需要加热，气味鉴别的顺序应当是先识别淡的气味，再通过加热鉴别浓的气味，以免影响嗅觉的灵敏度。

3. 味觉鉴别方法的注意事项：几种不同味道的样品需要同时进行感官评定时，应当按照刺激性由弱到强的顺序，最后鉴别味道浓烈的样品。在进行原料乳滋味鉴别时，样品的温度最好保持为 20 ~ 45 ℃，避免温度过高或过低，导致增加或降低对味觉器官的刺激。

4. 感官评定的样品应确保一致，在颜色、形状、数量和温度等方面没有显著差异。品尝时应使少量样品接触到舌头的各个部位，仔细品尝，要避免吞咽或大口地喝。每品尝一种样品后都要用温清水漱口。

5. 评定前 0.5 h，不能喝口味浓的饮料，不能食用高香料食品，不能吃糖果或嚼口香糖。

6. 评定人员不能使用气味浓郁的化妆品，洗手时应用无香味的香皂。

7. 评定人员不能吸烟，以免影响自己和他人的感官评定。

8. 评定人员不能处于饥饿或其他不适状态，任何烦恼和兴奋均会影响评定结果的准确度。

9. 身体状况欠佳时，不宜参与评定。患感冒者尤其不能参加，因感冒患者的味觉、嗅觉相较平时有明显降低，会出现不准确的评定结果。

10. 感官评定场所应该具备光线良好、整洁、安静等要素，杜绝任何干扰气味（霉味、化学药品味等）的影响，所使用的器皿须确保清洁。

【任务实施】

操作流程如下：

取样→色泽、组织状态评定→煮沸→滋味、气味评定→依据标准给出评定结果。

1. 原料乳色泽和组织状态的评定

图示	操作步骤	说明
	（1）取适量试样于 50 mL 烧杯中	样品应置于 15～20 ℃水中保温 10～15 min，然后充分摇匀
	（2）在自然光下观察色泽和组织状态，用搅拌棒搅匀牛乳，观察有无以下异常点： 1）色泽是否带有红色、绿色或明显的黄色 2）是否有大量的杂质，如煤屑、豆渣、牛粪、尘埃和昆虫等 3）牛乳是否发黏或呈凝块状 根据标准给出评定结果	

2. 滋味和气味的评定

图示	操作步骤	说明
	（1）取乳样 50 mL 于 250 mL 三角瓶中，置于电炉上煮沸，冷却至 70 ～ 80 ℃	注意温度，气味的最佳判定时机为 70 ～ 80 ℃
	（2）瓶口与鼻子之间的距离保持在 10cm 左右，用手扇动瓶口上方的气体，闻其气味，并依据标准给出评定结果	
	（3）冷却至 30 ℃，用温开水漱口后品尝样品的滋味，并依据标准给出评定结果	必须冷却至 30 ℃左右，注意防止烫伤

【考核评价】

素质	内容		评价项目	评价		
	学习目标			个人评价（20%）	小组评价（30%）	教师评价（50%）
知识能力（20分）	应知		1.知道感官分析的内容和方法 2.知道感官试验的特点 3.了解感官试验中的注意事项			

续表

素质	内容		评价项目	评价		
	学习目标			个人评价（20%）	小组评价（30%）	教师评价（50%）
专业能力（60分）	试剂配制及仪器准备（10分）		1.样品的准备正确 2.仪器的准备正确			
	样品的处理（10分）		1.样品的采集符合标准 2.样品的制备动作熟练 3.样品预处理符合要求			
	感官的测定（30分）		1.能对原料乳的色泽进行鉴别 2.能对原料乳的组织状态进行鉴别 3.能对原料乳的气味进行鉴别 4.能对原料乳的滋味进行鉴别 5.能对检验结果进行初步分析 6.结果记录真实，字迹工整，报告规范			
	遵守安全、卫生要求（10分）		1.遵守实验室安全规范 2.遵守实验室卫生规范			
通用能力（10分）	动作协调能力（5分）		动作标准，仪器操作熟练			
	与人合作能力（5分）		能与同学互相配合，团结互助			
态度（10分）	认真、细致、勤劳		整个实验过程认真、仔细、勤劳			
小计						
总分						

【思考与练习】

1.简述感官检验中的注意事项。

2.简述感官检验的适用范围。

任务 2　原料乳酒精试验

【学习目标】

1. 了解原料乳酒精试验的原理。
2. 能使用酒精试验对原料乳进行入厂检验。

【任务引入】

牛乳的酸度分为固有酸度（外表酸度）和发酵酸度（真实酸度）。固有酸度和发酵酸度之和称为牛乳的总酸度。刚挤出的新鲜牛乳的酸度为 0.15% ～ 0.18%（16 ～ 18°T），主要由牛乳中的蛋白质、磷酸盐、柠檬酸盐及二氧化碳等酸性物质造成，称为固有酸度，其中来源于乳蛋白的占 0.05% ～ 0.08%（3 ～ 4°T）、磷酸盐占 0.06% ～ 0.08%（10 ～ 12°T）、柠檬酸盐占 0.01%、二氧化碳占 0.01% ～ 0.02%（2 ～ 3°T）。发酵酸度是指牛乳在放置过程中，由乳酸菌作用于乳糖产生乳酸而升高的那部分酸度。牛乳中酸度的增高，主要是微生物活动的结果，所以可通过测定牛乳的酸度，间接判定牛乳是否新鲜。因此，牛乳的酸度是反映牛乳新鲜程度的重要指标。

【任务分析】

目前检测原料乳酸度的方法主要有酸碱滴定法、酒精试验法和煮沸试验法。本任务选用酒精试验法来测定原料乳是否新鲜。

【相关知识】

一、酒精试验原理

鲜乳的 pH 值为 6.3，其中酪蛋白的等电点是 pH4.6。酪蛋白胶粒带负电荷，具有亲水性，水合作用会让胶粒周围形成一结合水层，使酪蛋白以稳定的胶态存在于乳中。因酒精具有脱水作用，向鲜乳中加入酒精后，酪蛋白胶粒周围的结合水层会被脱掉，于是胶粒呈现为只带负电荷的不稳定状态，当乳的酸度增高或盐类平衡发生变化、钙离子增加等其他原因发生时，胶粒会变为电中性而发生沉淀。

将牛乳与等量的一定浓度的酒精混合，根据蛋白质的凝聚情况来判定牛乳的酸度，进而判定原料乳在高温加工过程中的热稳定性。

二、酒精阳性乳的分类

乳品厂在检测原料乳时，一般用 68%、70% 或 72% 的酒精（乳品加工企业可依据生产的品种或产品的等级将酒精浓度增加至 74% 或 75%）与等量牛乳混合，混合后凡是出现凝块的都称为酒精阳性乳，即不合格乳。酒精阳性乳主要包括高酸度酒精阳性乳、低酸度酒精阳性乳和冻结乳。

1. 高酸度酒精阳性乳

一般酸度在 20°T 以上的乳，酒精试验均呈阳性，称为高酸度酒精阳性乳。高酸度酒精阳性乳主要是由微生物繁殖导致酸度升高造成的。此类乳除可判定为不合格乳之外，还可间接反映奶站、奶车的卫生状况。酒精试验阳性除了有酸度的原因外，还和酒精的浓度有直接的关系，其相互对应关系见表 2—2—1。

表 2—2—1　　　　　　酒精试验反应中酒精浓度与酸度对应关系

酒精浓度（%）	酸度
68	20°T 以下
70	19°T 以下
72	18°T 以下（包括 18°T）
75	16°T 以下（包括 16°T）

2. 低酸度酒精阳性乳

低酸度酒精阳性乳是指刚挤出时酸度在 16°T 以下，送到乳品厂时酸度一般降到 13°T 以下，且酒精试验呈阳性的乳。这种乳由于代谢障碍、气候剧变、春季青饲料变更及喂养不当等多种复杂的原因，会引起牛乳中与酪蛋白结合的钙转变成离子性钙，柠檬酸的合成减少，游离性磷减少，从而造成整个缓冲体系的不平衡。

利用低酸度酒精阳性乳加工的产品，其感官指标中的组织状态和风味欠佳。另外，低酸度酒精阳性乳不适用某些特定的加工工艺，如采用 UHT 工艺可能会出现凝固现象，乳粉喷雾干燥可能影响溶解度等。

3. 冻结乳

牛乳经冻结和解冻后，其酪蛋白胶体的稳定性会受到较大影响，酒精试验通常为阳性。

【任务实施】

操作流程如下：

试剂准备→玻璃仪器准备→检验→判定。

1. 实验准备

图示	操作步骤	说明
	（1）75% 或 72% 酒精配制：将酒精溶液的温度调整在20 ℃，用酒精比重计测定，如果温度不是20 ℃，应查酒精比重表进行校正	pH 值应调节至中性。配制酒精时，所加的水必须是煮沸过的，且水温保持在室温，充分混匀
	（2）仪器准备：直径为 90 mm 的平皿（须干净无水迹），10 mL 吸管 2 支	所用平皿和吸管必须干燥、干净

2. 检验步骤

图示	操作步骤	说明
	吸取 2 mL 75% 酒精溶液，放入直径为 90 mm 的平皿中，再快速加入 2 mL 待检牛乳样品，充分混合摇匀，观察反应情况	混合均匀

3. 结果判定

（1）样品如无反映变化，则判定为阴性；样品如出现蛋白分离或片状，判定为阳性。

（2）样品如判定为阳性，则继续做 72% 酒精试验，实验步骤及试剂量与 75% 酒精实验相同。

【考核评价】

素质	内容		评价		
	学习目标	评价项目	个人评价（20%）	小组评价（30%）	教师评价（50%）
知识能力（20分）	应知	1. 知道酒精试验的原理 2. 知道酒精阳性乳的产生原因 3. 知道酒精阳性乳与其酸度的关系			
专业能力（60分）	试剂配制及仪器准备（10分）	1. 试剂的配制准确 2. 仪器的准备正确			
	样品的处理（10分）	1. 样品的采集符合标准 2. 样品的制备动作熟练			
	样品的测定（30分）	1. 能用酒精试验对原料乳进行入厂检验 2. 能对酒精试验现象进行准确判定 3. 能对检验结果进行初步分析 4. 结果记录真实，字迹工整，报告规范			
	遵守安全、卫生要求（10分）	1. 遵守实验室安全规范 2. 遵守实验室卫生规范			
通用能力（10分）	动作协调能力（5分）	动作标准，仪器操作熟练			
	与人合作能力（5分）	能与同学互相配合，团结互助			
态度（10分）	认真、细致、勤劳	整个实验过程认真、细心、勤劳			
小计					
总分					

【思考与练习】

1. 简述酒精试验的原理。

2. 简述酒精阳性乳的种类及形成原因。

3. 简述酒精试验结果与其酸度的关系。

任务 3 乳房炎乳的检验

>>> 【学习目标】

1. 了解乳房炎乳的来源及危害。

2. 学会乳房炎乳的检验。

【任务引入】

奶牛乳房炎症状为乳房实质、间质的炎症，多由机械性刺激、病原微生物侵入及物理化学性损伤所致，分为浆液性乳房炎、化脓性乳房炎、出血性乳房炎、纤维素性卡他乳房炎、坏疽性乳房炎和隐性乳房炎。奶牛乳房有红、肿、热、痛等炎症表现。其病因主要有以下几个方面：

1. 环境管理因素

如牛舍、牛床及运动场所泥泞不堪，牛体及乳房周围积垢太多，卫生条件差，气温过高（36 ℃以上）或过低（-5 ℃以下）等；或是挤奶条件不符合泌乳生理要求，如真空负压过高、过低，不适当的擦洗乳房和搭机挤奶等。

2. 牛自身因素

正处于泌乳盛期或乳产量过高的奶牛，其身体能量处于负平衡期，抵抗力低下，老龄牛、多胎次牛相对发病率高。

3. 病原体感染

到目前为止，人们已从奶牛乳腺组织中分离出了 150 余种病原微生物，其中发病率最高的是金黄色葡萄球菌、大肠杆菌和链球菌，近年来支原体、真菌引起的乳房炎发病率逐年上升。

4. 继发性因素

近年来在临床治疗中发现，焦虫病也会成为奶牛乳房炎的致病因素，而且治疗较为困难。再有，产后感染也可导致乳房炎的发生。因此，确诊为继发性乳房炎后应首先治疗原发病。

综上所述，为预防乳房炎的发生，要及时了解牛群乳房健康状况，对乳中体细胞数偏高、pH 值偏高、氯化物含量超标的奶牛采取相应的防治措施。

【任务分析】

乳房炎乳在异常乳中占比最大，是原料乳验收的重要一项。正常牛乳中过氧化氢酶含量很少，而当乳牛乳房有炎症，或该牛乳为初乳时，此酶会大量增加。本任务以此原理测定采集的原料乳是否为乳房炎乳。

【相关知识】

一、异常乳及其分类

乳牛在泌乳过程中，由于自身生理、病理及其他诸多原因，造成牛乳性质发生改变，这样的牛乳被称为异常乳。异常乳主要分为生理异常乳、病理异常乳、细菌污染乳、化学异常乳、含抗生素乳。

1. 生理异常乳

常见的生理异常乳有初乳、末乳两种。

（1）初乳。初乳是乳牛产犊后一周内分泌的乳汁，具有一定特征，见表2—3—1。

表2—3—1　　　　　　　　　　　　　　初乳的特征

项目	一般特征
色泽	呈显著黄色
风味	有异臭、苦味
黏度	大于常乳
蛋白质	乳清蛋白质高于常乳
脂肪	高于常乳

从表2—3—1中可以看出，初乳一般不具备加工产品的条件，除了被牛犊食用外，牛初乳基本上都被废弃了。但近十几年来，我国乳业科技工作者通过不断开发，目前牛初乳产业已经有了很大发展，研究发现牛初乳中不仅含有丰富的营养物质，而且含有大量的免疫因子和生长因子，如免疫球蛋白、乳铁蛋白、溶菌酶、类胰岛素生长因子及表

皮生长因子等。经科学实验证明，加工处理后的牛初乳具有免疫调节、改善胃肠道、促进生长发育、改善衰老症状和抑制多种病菌等生理活性功能，现牛初乳胶囊、牛初乳粉等产品已经进入市场。

（2）末乳。末乳是母牛一个分泌期结束前一周左右分泌的乳，一般指产犊 8 个月后泌乳量显著减少，一天的泌乳量在 0.5kg 以下，直到干乳期所产生的乳。末乳具有以下特征，见表 2—3—2。

表 2—3—2 　　　　　　　　　　末乳的一般特征

项目	一般特征
泌乳量及化学成分	较常乳少，化学成分显著异常
酸度	降低
含菌数	增加
风味	稍苦并微有咸味
过氧化氢酶含量	较常乳增加
乳糖	含量低于常乳
灰分	高于常乳，特别是钠和氯的含量高
维生素	维生素 A、维生素 D、维生素 E 含量高于常乳，水溶性维生素较常乳高
尼克酸	较常乳含量高
铜	含量比常乳高 6 倍
铁	含量比常乳高 3～5 倍
抗体	较常乳含量高

从表 2—3—2 中可以看出，末乳无论感官还是卫生指标上都比常乳差，尤其是末乳的不良口感会对产品的质量造成较大影响。

2. 病理异常乳

由病菌污染而生成的乳称为病理异常乳，主要有乳房炎乳和其他病牛乳。奶牛场应加强疾病预防与监控工作，发现病牛要及时诊治。

（1）乳房炎乳。乳牛患上乳房炎后其产奶量下降 10%～20%，如不进行治疗或没有及时发现，则最终成为乳房炎乳牛，其所产乳就是异常乳。乳房炎乳大多是由无乳链球菌引起的，为慢性乳房炎，需以牛乳的细菌学检验和化学检验来确认。乳房炎乳具有以下几个明显的特点：

1）乳房炎乳中的酪蛋白较常乳明显减少，营养价值显著降低。

2）牛乳中细菌数、白细胞和上皮细胞显著增多。

3）乳房炎乳中含有葡萄球菌、大肠杆菌等细菌，危害人体健康。

（2）其他病牛乳。乳牛如果患上口蹄疫、布鲁氏杆菌病等疾病，所产的牛乳也属于病理异常乳。

3. 细菌污染乳

牛乳被细菌污染后称细菌污染乳。细菌污染乳产生的原因、性状及危害情况见表2—3—3。

表2—3—3　　　　　细菌污染乳产生的原因、性状及危害情况

种类	原因菌	牛乳的性状	危害
酸败乳	乳酸菌、大肠菌、丙酸菌、小球菌等	酸度高。酒精可凝固，加热凝固。发酵产气，有酸臭味，酸凝固	加热凝固，风味差。加工干酪时产生酸败和膨胀
乳房炎乳	溶血性链球菌、葡萄球菌、小球菌、芽孢菌、放线菌、大肠菌等	酒精凝固，热凝固，混有血液及凝固物，风味异常	传播疾病，造成食物中毒
其他致病菌、病毒污染乳	布氏杆菌、沙门氏菌、炭疽菌、结核菌、口蹄疫等	混有致病菌	传播疾病，造成食物中毒
黏质乳	嗜冷芽孢杆菌、嗜冷细菌等	蛋白质分解，形成黏液	乳品的变质、稀奶油干酪黏质化
异常凝固乳	蛋白质、脂肪分解菌、低温菌、芽孢杆菌等	凝固，出现碱化、胨化、带有脂肪氧化味和苦味	牛乳变质
细菌性风味异常乳	蛋白、脂肪分解菌、产酸菌、大肠菌等	异臭、异味	乳与乳制品风味异常、变质
着色乳	嗜冷细菌、球类菌、红色酵母等	色泽变黄、红、青	牛乳及乳品着色变质

4. 化学异常乳

化学异常乳的种类较多，酒精阳性乳、低成分乳、异物混杂乳和风味异常乳等都属于化学异常乳。就目前现状来说，酒精阳性乳占的比例最大，也是验收中最常碰到的异常乳。只有很好地了解化学异常乳的发病原因、机理、应对措施等，才能更好地解决实际存在的问题，为奶牛的饲养管理提供参考数据，为企业生产高质量的乳制品创造良好的条件。

5. 含抗生素乳

当乳牛患上乳房炎后，一般采用抗生素药物治疗，这时患病牛分泌的牛乳就含有抗生素，一周之内乳中都会有抗生素残留，这种乳称为抗生素乳。

此外，乳牛注射疫苗、激素类药物等，都是产生异常乳的原因。

【任务实施】

具体操作流程如下：

实验准备→试剂配制→样品检验→结果判定。

1. 实验准备

图示	操作步骤	说明
	（1）试剂准备：碳酸钠、无水氯化钙、NaCl、溴甲酚紫、蒸馏水	试剂规格均为分析纯
	（2）仪器准备：平皿、棕色广口瓶、玻璃棒	干净、干燥

2. 试剂配制

试剂	操作步骤	说明
Na_2CO_3 水溶液	称 60 g 碳酸钠，溶于 100 mL 蒸馏水中，混匀搅拌加温过滤	
$CaCl_2$ 水溶液	称 40 g 无水氯化钙，溶于 300 mL 蒸馏水中，混匀搅拌加温过滤	
试验试液	将以上两种溶液混合加温过滤，然后加入等量 15%NaCl 溶液混合加温过滤，最后加少量溴甲酚紫，存入棕色瓶内	

3. 样品检验

图示	操作步骤	说明
	取乳样 3 mL 放入白色平皿中，加 0.5 mL 试液，回旋 10 s 充分混合，根据凝集反应程度判定	注意取样的均一性和代表性，取样前须摇晃均匀

4. 结果判定

判定原理：正常乳中过氧化氢酶含量很少，而当乳牛乳房有炎症或为初乳时，此酶会大量增加。可根据表 2—3—4 判定是否为乳房炎乳。

表 2—3—4　　　　　乳房炎乳实验现象与结果判定对应关系

实验现象	结果判定
无沉淀及絮片	阴性
稍有沉淀	+ - 可疑状态
有片状或条状沉淀	阳性

【考核评价】

素质	内容		评价		
	学习目标	评价项目	个人评价（20%）	小组评价（30%）	教师评价（50%）
知识能力（20分）	应知	1.知道异常乳的分类及成因 2.知道乳房炎乳的特点 3.了解乳房炎乳检验中的注意事项			

素质	内容		评价		
	学习目标	评价项目	个人评价（20%）	小组评价（30%）	教师评价（50%）
专业能力（60分）	试剂配制及仪器准备（10分）	1. 样品的准备正确 2. 仪器的准备正确			
	样品的处理（10分）	1. 样品的采集符合标准 2. 样品的制备动作熟练			
	样品的测定（30分）	1. 能熟练操作乳房炎乳的检验 2. 能对检验结果进行判定 3. 结果记录真实，字迹工整，报告规范			
	遵守安全、卫生要求（10分）	1. 遵守实验室安全规范 2. 遵守实验室卫生规范			
通用能力（10分）	动作协调能力（5分）	动作标准，仪器操作熟练			
	与人合作能力（5分）	能与同学互相配合，团结互助			
态度（10分）	认真、细致、勤劳	整个实验过程认真、仔细、勤劳			
小计					
总分					

【思考与练习】

1. 异常乳种类有哪些？成因分别是什么？

2. 简述乳房炎乳的判定标准。

任务 4　原料乳掺杂掺假的检测

≫≫≫【学习目标】

1. 了解原料乳中各类掺杂掺假的目的及危害。
2. 能使用适当方法对原料乳中各项掺杂掺假进行检测。

【任务引入】

随着消费水平的增加，以及消费者对牛乳的营养价值越来越认可，我国乳制品的销量逐年提高，一些不法分子为了牟取非法利益，在乳中添加某些有害物质，严重危害了消费者的身体健康。当前发现的在原料乳中掺杂掺假的主要物质有三聚氰胺、尿素、水解动物皮毛蛋白粉、淀粉、豆浆、葡萄糖粉、糊精、脂肪粉、植脂末、棕榈油、面粉、蔗糖、苏打、面碱、亚硝酸盐、硝酸盐、抗生素、双氧水、焦亚硫酸钠、甲醛和氯化物等，掺杂掺假现象已严重威胁到乳品和乳品相关食品的质量安全。

【任务分析】

本任务主要针对原料乳中掺入的蔗糖、淀粉、盐、碱及双氧水等物质进行定性和定量的检测，以确保乳制品的食用安全。

【相关知识】

一、原料乳掺杂掺假的目的和方法

原料乳掺杂掺假的目的和方法，可以分为以下五类：

1. 为增加牛乳干物质指标或重量而向牛乳中加入某些物质。此类物质主要有水、三聚氰胺、水解蛋白、尿素、乳清粉、糊精、淀粉、糖类、脂肪粉、铵盐、钠盐、钾盐等。

2. 为了防止微生物生长繁殖而向牛乳中加入防腐类物质。此类物质主要有苯甲酸盐、山梨酸盐、双氧水、硫氰酸钠、亚硝酸盐、硝酸盐、硫代硫酸钠、焦亚硫酸钠等。

3. 针对有抗生素的牛乳，加入抗生素分解酶，以分解抗生素。例如 β- 内酰胺酶。

4. 针对酸度高的牛乳，为降低酸度而加入酸中和剂。此类物质主要有火碱、纯碱、小苏打等。

5. 为实现上述目的，向牛乳中同时加入多种物质。

二、原料乳掺杂掺假的检测原理

原料乳的掺杂掺假由来已久，随着奶源的整合及验收标准的加强，掺假的方法也有了一个"道高一尺，魔高一丈"的发展过程。但可根据一些简单的试验原理加以鉴别，例如，利用淀粉遇碘变蓝色，可以检测原料乳是否掺淀粉；根据双氧水具有强烈氧化性，能把碘化钾中的碘离子（I⁻）氧化成碘（I_2）的化学特性，可通过淀粉快速检测出掺有双氧水的原料乳；根据蔗糖在酸性溶液中水解产生的果糖与溶于强酸的间苯二酚溶液加热后会出现红色沉淀的原理，可检测原料乳中是否掺有蔗糖；氯化物与硝酸银反应会生成氯化银沉淀，用铬酸钾作指示剂，当牛乳中的氯化物与硝酸银作用后，过量的硝酸银与铬酸钾反应生成砖红色的 Ag_2CrO_4 沉淀，可用此检验原料奶中是否添加了食盐；鲜乳中如果掺入碱性物质，会使指示剂变色，根据颜色的不同可粗略判断加碱量的多少。通过上述方法，可对原料奶的掺杂掺假情况进行简单、快速的检测。

【任务实施】

操作流程如下：

准备工作→掺杂掺假检验（蔗糖、淀粉、盐、碱、双氧水）→结果判定。

1. 原料乳掺蔗糖的检验

图示	操作步骤	说明
	（1）仪器与设备准备：水浴锅、150 mL 玻璃三角瓶、50 mL 量筒、5 mL 玻璃吸管、10 mL 玻璃吸管、分析天平	有些不法奶户常常在掺假乳中加入价格便宜的白砂糖来改善鲜乳口感

图示	操作步骤	说明
	（2）试剂准备：浓盐酸（分析纯）、间苯二酚（分析纯）	试剂配制及储存过程中不能被有机物污染，特别是糖类，若试剂变为红色则不能使用
	（3）检测 1）取 30 mL 牛乳，加入 2 mL 浓盐酸混合，过滤 2）取 15 mL 滤液，加入 1 g 间苯二酚，置于沸水浴中 5 min 3）观察检样颜色变化	如果加热时间过长，其他醛类糖也能产生浅红色的反应
	（4）结果判断 正常：橘红色 掺糖 >0.1%：浅橘红色 掺糖 >0.3%：红色	

2. 原料乳掺淀粉的检验

图示	操作步骤	说明
	（1）仪器与设备准备：水浴锅、玻璃试管	
	（2）试剂准备：2 g 碘加 4 g 碘化钾溶于 100 mL 蒸馏水中，制成碘液	

续表

图示	操作步骤	说明
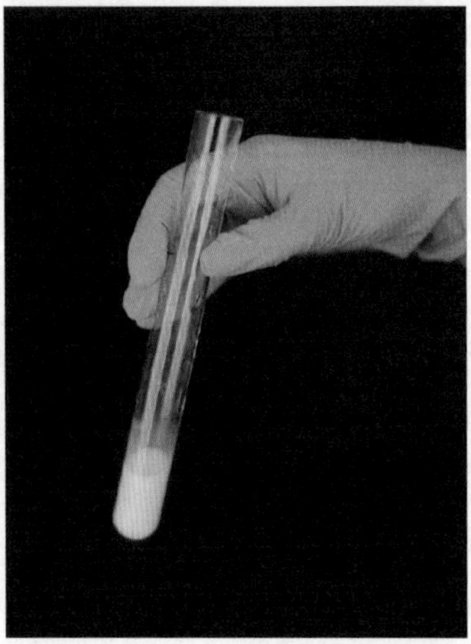	（3）检测 1）取 5 mL 牛乳注入试管中，稍稍煮沸后冷却至室温 2）加入 1 滴碘液 3）观察检样颜色的变化	
	（4）结果判断：有淀粉存在时，会有蓝色或青蓝色沉淀物出现	

3. 原料乳掺盐的检验

图示	操作步骤	说明
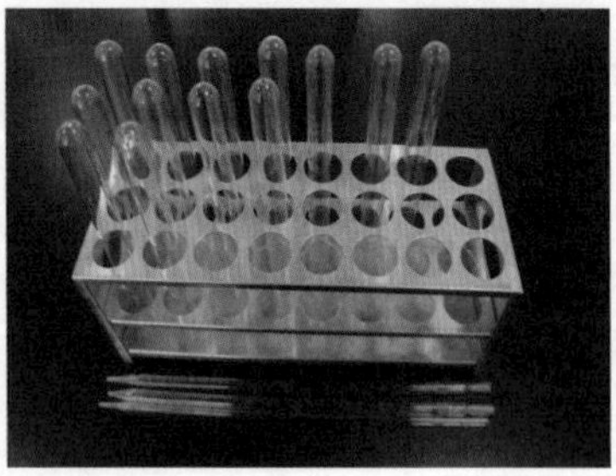	（1）仪器与设备准备：玻璃吸管、玻璃试管、玻璃烧杯	牛乳掺水后相对密度下降，为了增加相对密度，掺假者可能会再掺入盐来迷惑收奶者
	（2）试剂准备： 1）硝酸银 1.345 g 加蒸馏水 1000 mL，制成硝酸银溶液 2）用小烧杯准确称取 10 g 铬酸钾，加入 100 mL 蒸馏水溶解，制成铬酸钾溶液	硝酸银必须烘干后使用，否则会影响检测结果

图示	操作步骤	说明
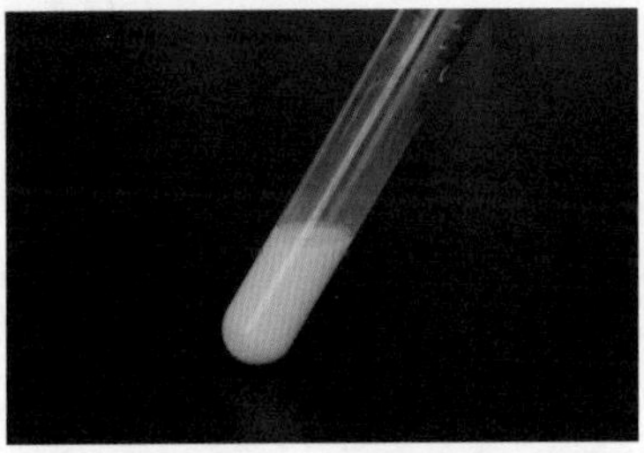	（3）检测 1）取硝酸银溶液 5 mL，加 2 滴铬酸钾溶液混合，呈红褐色 2）取 1 mL 混合液，加到 5 mL 乳液中，混合均匀 3）观察检样颜色的变化	
	（4）结果判断 1）正常牛乳中氯化物含量一般＜0.15% 2）如红色消失变为黄色，则说明乳中含 NaCl 0.23% 以上，为异常乳	

4. 原料乳掺碱的检验

图示	操作步骤	说明
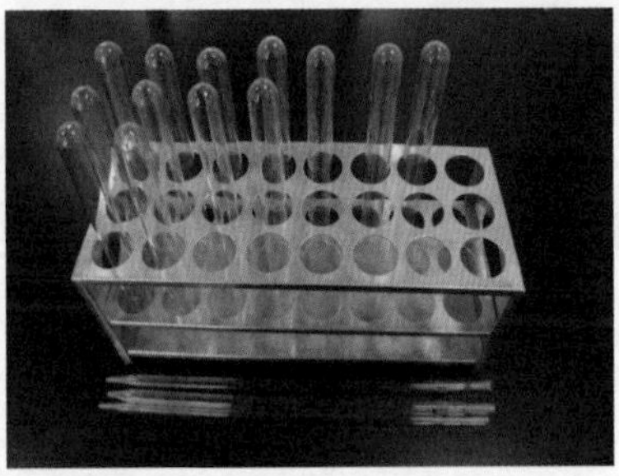	（1）仪器与设备准备：玻璃吸管、玻璃试管	
	（2）试剂准备：0.01% 溴麝香草酚兰乙醇溶液（20%）	
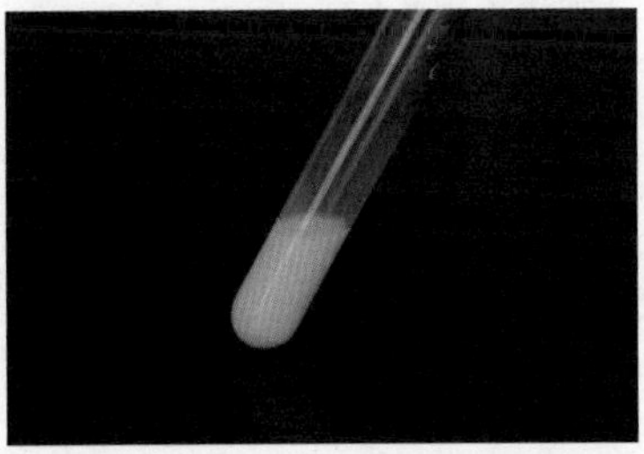	（3）检测 1）试管中放入牛乳 5 mL，沿壁加入 0.5 mL 0.01% 溴麝香草酚兰乙醇溶液，慢慢旋转试管 2）观察接触面颜色的变化	

图示	操作步骤	说明
	（4）结果判断 黄绿色——掺碱 0.03% 淡绿色——掺碱 0.05% 绿　色——掺碱 0.1% 深绿色——掺碱 0.3% 青绿色——掺碱 0.5% 淡青色——掺碱 0.7% 青　色——掺碱 1.0%	

5. 原料乳掺双氧水的检验

图示	操作步骤	说明
	（1）仪器与设备准备：玻璃吸管、玻璃滴管、玻璃试管	
	（2）试剂准备：碘化钾（分析纯）、1%的淀粉溶液	
	（3）检测 1）试管中放入牛乳 3 mL，加碘化钾 0.3 g，慢慢旋转试管 2）滴入 2 滴 1% 的淀粉溶液，充分混匀 3）观察乳样颜色的变化	
	（4）结果判断 不变色——不含防腐剂 蓝　色——含防腐剂	

【考核评价】

素质	内容		评价		
	学习目标	评价项目	个人评价（20%）	小组评价（30%）	教师评价（50%）
知识能力（20分）	应知	1. 知道原料乳掺杂掺假的种类 2. 知道原料乳掺杂掺假的危害 3. 知道检测原料乳中掺杂掺假的方法及检测原理			
专业能力（60分）	试剂配制及仪器准备（10分）	1. 试剂的配制准确 2. 仪器的准备正确			
	样品的处理（10分）	1. 样品的采集符合标准 2. 样品的制备动作熟练 3. 样品预处理符合要求			
	样品的测定（30分）	1. 能对原料乳中掺蔗糖情况进行检测 2. 能对原料乳中掺淀粉情况进行检测 3. 能对原料乳中掺盐情况进行检测 4. 能对原料乳中掺碱情况进行检测 5. 能对原料乳中掺双氧水情况进行检测 6. 能对检验结果进行初步分析 7. 结果记录真实，字迹工整，报告规范			
	遵守安全、卫生要求（10分）	1. 遵守实验室安全规范 2. 遵守实验室卫生规范			
通用能力（10分）	动作协调能力（5分）	动作标准，仪器操作熟练			
	与人合作能力（5分）	能与同学互相配合，团结互助			
态度（10分）	认真、细致、勤劳	整个实验过程认真、仔细、勤劳			
小计					
总分					

【思考与练习】

1. 目前原料乳掺杂掺假的主要目的有哪些?

2. 针对散户掺杂掺假现象,应采取何种措施?

3. 论述乳中掺盐、掺双氧水等物质的检测原理。

项目三

乳制品常规理化检测

任务 1 乳粉中水分含量的检测

>>> 【学习目标】

1. 掌握用直接干燥法测定乳粉水分含量的原理和应用范围。
2. 掌握乳粉水分含量的测定条件。
3. 能按照标准方法检测乳粉水分含量。
4. 能遵守安全操作规程，熟练使用电热干燥箱。

【任务引入】

乳粉中水分含量的多少会直接影响乳粉的感官性状，因此，乳粉中的水分含量是乳粉质量的重要指标之一。一般乳粉中水分的质量分数在 3% 以下时，储藏期内质量变化较小。如果水分的质量分数超过 4%，会加剧乳粉变色、变味，使其溶解度降低，甚至促使残留的细菌繁殖，导致乳粉结块而变质，尤其在 30 ℃ 以上高温储藏时，变质更快。因此，乳粉生产企业应严格控制生产工艺，检验部门则应严格按照相关标准检测乳粉的水分含量，以确保产品的品质。

【任务分析】

根据乳粉中不含有易挥发物质的特点，其水分含量的检测可依据食品安全国家标准《食品中水分的测定》（GB 5009.3—2016）中的直接干燥法进行。

【相关知识】

乳粉中水分的存在形态有三种：①游离水，指存在于动植物细胞外各种毛细管和腔体中的自由水，包括吸附于食品表面的吸附水；②结合水，指形成食品胶体状态的结合水，如蛋白质、淀粉的水合作用和膨润吸收的水分及糖类、盐类等形成结晶的结晶水；③化合水，指物质分子结构中与其他物质化合生成新的化合物的水，如碳水化合物中的水。第一种形态存在的水分，易于分离；后两种形态存在的水分，不易分离。如果乳粉中水分含量过高，乳粉容易结块，储藏期变短，从而影响乳粉质量。

一、直接干燥法

1. 检测原理

在一定温度下，食品中的水分受热以后产生的蒸汽压高于空气在电热干燥箱中的分压，使得食品中的水分蒸发出来，同时，通过不断地加热和排走水蒸气，达到完全干燥的目的。食品中的水分一般是指 101.3 kPa（一个大气压）标准大气压下，在 101～105 ℃ 直接干燥的情况下，所失去物质的总量，食品加热前后的质量差即为水分含量。

2. 适用范围

该方法适用于在 101～105 ℃下，不含或其他挥发性物质含量较低且对热稳定的食品，如谷物及其制品、淀粉及其制品、味精、调味品、水产品、豆制品、乳制品、肉制品、啤酒花、发酵制品和酱腌菜等食品水分的测定。不适合含易挥发物质、高脂肪、高糖食品及含有较多的高温易氧化、易挥发、易分解物质的食品。

直接干燥法设备简单，测定结果准确，但测定时间较长。

3. 恒重

在使用直接干燥法时，要观察水分是否蒸发干净，没有一个直观的指标，只能依靠是否达到恒重来判断。测定水分时，恒重是指样品连续两次干燥后的质量差异在 0.2 mg 以下（样品 1 g）的质量。干燥至恒重的第二次及以后各次称重均应在规定条件下继续干燥 1 小时后进行，在每次干燥后应立即取出样品放入干燥器中，待冷却至室温后称量。

4. 样品的制备

样品的制备依食品的种类、存在状态不同而不同。一般情况下，食品以固态（如面包、饼干、乳粉等）、液态（如牛乳、果汁等）和浓稠态（如炼乳、糖浆、果酱等）存在。

（1）固体样品。固态样品必须磨碎、混匀，过 20～40 目筛，在磨碎过程中，要防止样品中水分含量发生变化。样品水分含量在 14% 以下称为安全水分，即在实验室条件下进行粉碎过筛处理，水分含量一般不会发生变化，可以直接测定。

对于水分含量在 14% 以上的样品，在粉碎过程中水分会显著损失，因此需采用二步干燥法。如检测面包之类的谷类食品，做法是先将样品称出总质量后，切成厚为 2 ~ 3mm 的薄片，在自然条件下风干 15 ~ 20 h，使其水分含量与大气湿度大致平衡，然后再次称量，并将样品粉碎、过筛、混匀，放于称量瓶中以烘箱干燥法测定水分。二步干燥法所得分析结果的准确度较直接用一步法来得高，但费时更长。

（2）浓稠态样品。浓稠态样品直接加热干燥，其表面易于结硬壳焦化，使其内部水分蒸发受阻。故在测定前，需加入精制海砂或无水硫酸钠，搅拌均匀，以增大蒸发面积。但是在测定中，应先准确称样，再加入已知质量并恒重过的海砂或硫酸钠，搅拌均匀后干燥至恒重。糖浆、甜炼乳等浓稠液体，一般要加水稀释，如糖浆稀释液的固形物含量应该控制在 20% ~ 30%。

（3）液态样品。液态样品若直接置于高温下加热，可因沸腾造成样品的损失，故应先低温浓缩后，再进行高温干燥。测定前先准确称取样品于已烘干至恒重的蒸发皿内，置于热水浴上蒸发至近干，再移入干燥箱干燥至恒重。

5. 方法说明和注意事项

（1）直接干燥法的设备和操作都比较简单，但是由于直接干燥法不能完全排出食品中的结合水，所以它不可能测定出食品中的真实水分含量。

（2）用这种方法测得的水分质量中包含了所有在 100 ℃下失去的挥发物（如微量的芳香油、醇、有机酸等）的质量。

（3）含有较多氨基酸、蛋白质及羰基化合物的样品，若长时间加热会发生羰氨反应析出水分，从而导致误差，宜采用其他方法测定水分含量。

（4）测定水分之后的样品，可以用来测定脂肪、灰分的含量。

（5）经加热干燥的称量瓶要迅速放到干燥器中冷却。干燥器内一般采用硅胶作为干燥剂，当其颜色由蓝色减退变成红色时，应及时更换，于 135 ℃条件下烘干 2 ~ 3 h 后再重新使用。

（6）直接干燥法的最低检出限量为 0.002 g，当取样量为 2 g 时，方法检出限为 0.10 g/100 g，方法相对误差 ≤ 5%。

6. 食品水分测定产生误差的原因

（1）样品在制备中，水分蒸发或吸湿导致水分含量发生变化。

（2）样品中含有易挥发物质。

（3）样品中某些成分和水结合，限制水的挥发，使结果偏低。

（4）加热过程中浓稠样品表面产生薄膜，导致水分蒸发不完全。

（5）烘干结束后样品重新吸收水分。

二、电热鼓风干燥箱的使用及维护

电热鼓风干燥箱的结构如图 3—1—1 所示。

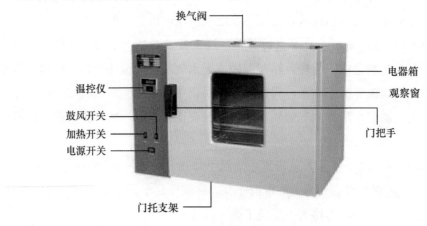

图 3—1—1　电热鼓风干燥箱的结构

1. 使用方法

（1）将电热鼓风干燥箱放在室内水平处。

（2）接通电源，开启电源开关，如红色指示灯亮，表示电源已接通，加热器开始工作。

（3）试验物品放入干燥箱内，将玻璃门与外门关上，将箱体上方的换气阀门适当旋开。

（4）将加热开关及鼓风开关拨至"开"处，鼓风电动机运转。

（5）通过操作面板将温度调至所需温度（按照设备操作规程操作）。

（6）箱内温度达到设定值，绿色指示灯亮，开始计时。

（7）当达到处理时间时，关闭加热开关。待温度降至 80 ℃以下时，开启箱门，取出物品（戴手套）。

（8）关闭电源开关。

2. 使用注意事项

（1）使用前必须注意所用电源电压是否与额定电压相符，使用时，必须将电源插座接地极按规定进行有效接地。

（2）通电使用时，切忌用手触及、用湿布揩抹或用水冲洗箱内的电器部分。

（3）电源线不可缠绕在金属物品上，不可放置在高温或潮湿的地方，防止橡胶老化以致漏电。

（4）试验物品放置在箱内不宜过挤，使空气流动畅通，保持箱内受热均匀，内室底板因靠近电热器，故不宜放置试验物品。在试验时应将箱上部的换气阀门适当旋开，以利于调节箱内温度。

（5）干燥物品时，顶部的排气孔应打开，以便于水蒸气逸出，停止使用时应关闭，以免潮气和灰尘进入。

（6）干燥箱无防爆装置，切勿将易燃物品及挥发性物品放箱内加热。箱体四周不可放置易燃物品。

（7）使用时应定时查看，如出现异常、气味、厌恶等情况，应立即关闭电源，请专业人员检查并检修。

（8）电热鼓风干燥箱的型号不同，升温、恒温的操作方法及指示灯的颜色亦有差异，使用时应以随箱所带的说明书为准进行操作。

3. 日常维护与清洁

（1）每次使用完毕，应立即清洁仪器并悬挂相应标识，及时填写仪器使用记录。

（2）箱内要保持清洁，用软布蘸中性洗涤剂擦洗，再用干布擦干。

（3）箱中的铁丝网勿放置腐蚀性的物质，避免腐蚀箱体内部。

（4）用细软布擦拭箱体表面污迹、污垢，直至目测无清洁剂残留，再用清洁布擦干。

（5）设备内外表面应保持光亮整洁，没有污迹。

【任务实施】

参照图 3—1—2 所示流程完成乳粉中水分含量的检测工作。

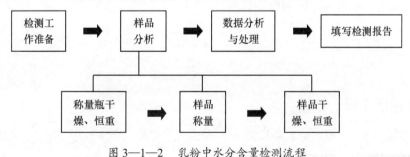

图 3—1—2　乳粉中水分含量检测流程

一、检测工作准备

1. 仪器和设备

（1）分析天平：精度 ±0.1 mg（见图 3—1—3）。

（2）矮型称量瓶：玻璃（见图 3—1—4）或铝制，内径 60～70mm，高 35mm 以下。

（3）电热鼓风干燥箱、玻璃干燥器。

图 3—1—3　分析天平

图 3—1—4　玻璃矮型称量瓶

2. 实验样品

袋装乳粉。

3. 其他用具用品

记号笔、药匙、手套、计算器。

4. 相关资料

《食品中水分的测定》（GB 5009.3—2016）、检验报告单、原始记录本。

5. 说明

（1）实验前确认仪器和设备处于正常使用状态。

（2）分析天平需开机预热 30 min。

（3）确认干燥器内硅胶颜色为蓝色。

二、样品分析

1. 称量瓶干燥、恒重

图示	操作步骤	说明
	（1）取干净称量瓶，置于干燥箱内，瓶盖斜放于旁边	（1）称量前准备好原始记录 （2）将称量瓶编号，每个样品做 3 个平行样

续表

图示	操作步骤	说明
	（2）待温度升至（103±2）℃开始计时，烘30 min至1 h，取出时先盖好盖子，用纸条套住称量瓶取出，置于干燥器内冷却至室温	（1）干燥箱温度降到80 ℃以下才可打开箱门 （2）称量瓶从干燥箱中取出后，应迅速放入干燥器中冷却，避免在空气中吸潮
	（3）取出称量瓶准确称量，将数据记录在原始记录中	称量时要戴手套，动作迅速，避免因称量瓶吸收空气中的水分而增加测定误差
	（4）重复以上加热操作，至前后两次质量之差不超过0.2 mg即为恒重，记录称量数据	每次称量后准确填写原始记录，数据记录要清晰、工整

2. 样品称量

图示	操作步骤	说明
	称取5～10 g（精确至0.0001 g）乳粉样品于称量瓶中，记录数据	（1）应用直接称量法称量乳粉样品和称量瓶 （2）样品称量要迅速 （3）样品在称量乳中铺开后，厚度以不超过瓶高的1/3为宜

3. 样品干燥、恒重

图示	操作步骤	说明
	（1）样品称量后，置于干燥箱内，称量瓶盖斜放于旁边，待温度升至（103±2）℃开始计时	加热过程中应随时观察干燥箱温度显示，及时发现可能出现的异常状况
	（2）加热30 min至3 h后，加盖取出称量瓶，置于干燥器内冷却至室温，取出准确称量（精确至0.0001 g），记录数据	称量瓶从干燥箱中取出后，应迅速放入干燥器中冷却，避免在空气中吸潮。一般样品在干燥器内冷却0.5 h可达室温
	（3）称量瓶再次放入干燥箱内，（103±2）℃加热1 h后，加盖取出，置于干燥器内冷却至室温，取出准确称量，记录数据	样品称量要迅速
	（4）重复以上加热操作至前后两次质量之差不超过0.2 mg，记录数据	按要求填写仪器使用记录

三、数据分析与处理

原始记录表

检测项目			检验样品	
检测依据			检验方法	
主要仪器名称			仪器型号	
仪器编号			检验日期	
编号名称		Ⅰ	Ⅱ	Ⅲ
称量瓶质量（g）				
烘前试样＋称量瓶质量（g）	1			
	2			
	3			
样品质量（g）				
烘后试样＋称量瓶质量（g）	1			
	2			
	3			
水分含量/%	测定值			
	平均值			
检验员			检验日期	

乳粉水分含量按下式进行计算：

$$W = \frac{m_1 - m_2}{m_1 - m_0}$$

式中　W——样品水分含量，g；

m_1——试样和称量瓶烘烤前的质量，g；

m_2——试样和称量瓶烘烤后的质量，g；

m_0——称量瓶的质量，g。

说明：水分含量≥1 g/100 g时，计算结果保留三位有效数字；水分含量小于1 g/100 g时，计算结果保留两位有效数字。

检验员		审核人	

四、填写检测报告

乳粉水分检测报告

产品名称		型号规格	
受检单位		生产单位	
抽样地点		送样日期	
样品数量		样品编号	
送样者		原编号或生产日期	
检测依据			
检测项目			
检测结论			
备注			
批准		审核		主检	

【考核评价】

素质	内容		评价		
	学习目标	评价项目	个人评价（20%）	小组评价（30%）	教师评价（50%）
知识能力（20分）	应知	1. 了解水分的概念 2. 知道乳粉中水分的测定方法 3. 掌握直接干燥法测定乳粉中水分的原理			

续表

素质	内容		评价		
	学习目标	评价项目	个人评价（20%）	小组评价（30%）	教师评价（50%）
专业能力（60分）	实验准备（10分）	1.仪器、试剂、样品准备充分 2.试验方案设计正确 3.样品处理方法正确			
	仪器使用（10分）	1.熟练使用电子分析天平 2.正确使用电热鼓风干燥箱			
	操作规范（20分）	1.样品处理方法正确 2.样品称量方法正确 3.称量瓶恒重方法正确 4.样品干燥方法正确			
	检验报告（15分）	1.原始记录填写清晰 2.数据分析正确 3.检测报告填写正确			
	遵守安全、卫生要求（5分）	1.正确执行安全技术操作规程 2.实验过程中保持现场整洁			
通用能力（10分）	语言能力（2分）	1.准确阐述自己的观点 2.专业术语表达准确			
	合作能力（3分）	1.能与同学配合共同完成工作 2.具有组织和协调能力			
	发现、分析和解决问题能力（3分）	1.善于发现实验过程中的问题 2.自主分析和解决实验中的问题			
	创新能力（2分）	1.善于总结工作经验 2.善于体验新的检测方法			
态度（10分）	认真、细致、勤劳	整个实验过程认真、仔细、勤劳			
小计					
总分					

【思考与练习】

1. 什么叫作"安全水分"？

2. 利用直接干燥法测定食品中的水分，在下列情况下水分测定结果是偏高还是偏低？

（1）烘干干燥法中样品粉碎不充分。

（2）样品中含较多挥发性成分。

（3）样品的吸湿性较强。

（4）干燥器硅胶受潮。

3. 解释恒重的概念，在水分测定过程中应怎样进行恒重操作？

任务2　牛奶酸度的检测

>>>【学习目标】

1. 了解牛奶中酸度的概念及其表示方法。

2. 理解酸碱滴定法及其指示剂的概念。

3. 能运用酸碱滴定法测定牛奶的酸度。

【任务引入】

食品中的酸不仅作为酸味成分，而且在食品的加工、储运及品质管理等方面都被认为是重要的成分，因此测定食品中的酸度具有十分重要的意义。

牛奶的酸度是反映牛奶新鲜度的一项重要指标。假设你是某乳制品厂的牛奶出厂检验员，请根据相应的检验标准检测牛奶酸度，并将检验结果与产品质量标准进行比较，最后出具检验报告单，进而判断牛奶的新鲜度。

【任务分析】

牛奶在挤出后存放的过程中，微生物的繁殖会分解乳糖产生乳酸，从而使牛奶的酸度升高。通过检测鲜牛奶的酸度，就可判断牛奶的新鲜度，这里利用酸碱滴定法来测定酸度。因此需要了解牛奶酸度及其表示方法、测定方法等相关知识。

测定过程依据食品安全国家标准《食品酸度的测定》（GB 5009.239—2016）。

【相关知识】

一、牛奶的两种酸度

1. 外表酸度

外表酸度也被称为固有酸度，是指刚挤出来的新鲜牛奶本身所具有的酸度，主要来源于酪蛋白、白蛋白、柠檬酸盐和磷酸盐等，占牛奶的 0.15% ～ 0.18%（以乳酸计）。

2. 真实酸度

真实酸度也被称为发酵酸度，是指牛奶在放置过程中，乳糖在乳酸菌作用下发酵产生乳酸而升高的那部分酸度。不新鲜的牛奶总酸度 > 0.20%。

二、牛奶酸度的表示方法

一般情况下，乳品工业中的酸度是指以标准碱液用滴定法测定的滴定酸度。滴定酸度有多种测定方法及表示形式，我国滴定酸度用吉尔涅尔度（°T）来表示。

1. 吉尔涅尔度（°T）

吉尔涅尔度指中和滴定 100 mL 牛奶样品所需要 0.1 mol/L NaOH 标准溶液的毫升数，或滴定 10 mL 样品，结果再乘 10。新鲜牛奶的酸度通常为 16 ～ 18°T。

牛奶中酸度增高主要是微生物活动的结果，通过测定牛奶中酸度，可判断牛奶是否新鲜。用 0.1 mol/L NaOH 溶液滴定时，牛奶中的乳酸和 NaOH 反应，生成乳酸钠和水。反应式如下：

$$CH_3CH（OH）COOH+NaOH \rightarrow CH_3CH（OH）COONa+H_2O$$

当滴入的 NaOH 溶液被乳酸中和后，多余的 NaOH 就使早先加入牛奶中的酚酞变红，因此，根据滴定时消耗的 NaOH 标准溶液体积就可以得到乳样酸度（°T）。

2. 乳酸度（乳酸 %）

牛奶酸度的表示方法除吉尔涅尔度外，也可用乳酸度来表示，与总酸度的计算方法一样，也可由吉尔涅尔度直接换算成乳酸度（1°T =0.009% 乳酸）。如 10 g 牛奶按 2∶1 稀释加酚酞用 NaOH 滴定，测定乳酸。

$$酸度 =°T \times 0.009（\%）$$

式中 0.009 是乳酸换算系数，即 1 mL NaOH 标准溶液 [c（NaOH）=0.1 mol/L）] 相当于 0.009% 乳酸。

3. pH 值

酸度还可用氢离子浓度的负对数表示，正常新鲜牛奶的 pH 值为 6.5 ~ 6.7，一般酸败乳或初乳的 pH 值在 6.4 以下，乳房炎乳或低酸度乳的 pH 值在 6.8 以上。

滴定酸度可以及时反映出乳酸产生的程度，而 pH 值所反映的为牛奶的外表酸度，两者不呈现规律性的关系，因此生产中广泛采用测定滴定酸度的方法来间接掌握牛奶的新鲜度。酸度越高，牛奶对热的稳定性就越低。正常牛奶的酸度由于品种、饲养、挤乳和泌乳期的不同而略有差异，一般为 16 ~ 18°T。

三、牛奶酸度的测定方法

1. 酸碱滴定法

以酚酞为指示剂，用 0.1 mol/L NaOH 标准溶液滴定 100 g 试样至终点，记录所消耗的 NaOH 溶液体积，经计算确定试样的酸度。

2. 酒精实验

利用酒精的脱水作用，确定酪蛋白的稳定性。新鲜牛奶对酒精的作用表现为相对稳定；而不新鲜的牛奶，其中蛋白质胶粒已呈不稳定状态，酒精的脱水作用会加速其聚沉。

3. 煮沸试验

牛奶新鲜度差、酸度高，乳中蛋白质对热的稳定性就差，加热后越易发生凝固。根据乳中蛋白质在不同温度时凝固的特征，可判断牛奶的新鲜度。

【任务实施】

一、实验准备

1. 仪器

电热干燥箱、分析天平、干燥器、铁架台、称量皿、锥形瓶、碱式滴定管、量筒、容量瓶。

2. 试剂及其配制

（1）NaOH 标准溶液：c（NaOH）=0.1 mol/L，用时需要进行标定。

（2）酚酞指示剂：称取 0.1 g 酚酞溶于少量 95% 乙醇中，转移至容量瓶，再加入乙醇定容至 100 mL。

3. 样品

牛奶。

二、牛奶酸度的滴定

图示	操作步骤	说明
	（1）称取 10 g 已混匀的试样，置于 150 mL 锥形瓶中，加 20 mL 新煮沸冷却至室温的蒸馏水，混匀	（1）精确到 0.001 g （2）蒸馏水需要煮沸，以去除水中的二氧化碳
	（2）加入 2～3 滴酚酞指示剂，小心混匀	混合液体为乳白色
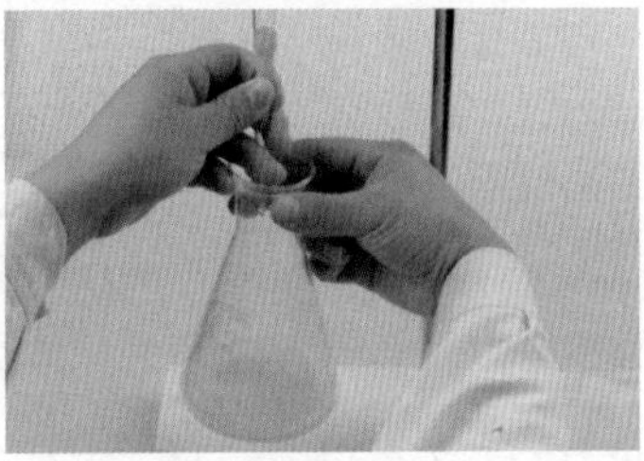	（3）用 0.1 mol/L NaOH 标准溶液滴定，直至微红色，并在 30 s 内不褪色。记录消耗 NaOH 标准溶液的毫升数，同时做空白试验	近终点要慢滴多搅，要求加半滴至微红色并保持半分钟不褪色

三、数据分析及处理

原始记录表

检测项目		检验样品	
检测依据		检验方法	
主要仪器名称		仪器型号	

仪器编号		检验日期	
标准溶液名称		标准溶液浓度	
编号名称	I	II	III
样品的质量（g）			
空白滴定消耗 NaOH 标准溶液体积（mL）			
样品滴定消耗 NaOH 标准溶液体积（mL）			

酸度（ºT）	测定值			
	平均值			

牛奶酸度按下式进行计算：

$$X = \frac{c \times V \times 100}{m \times 0.1}$$

式中　　X——试样的酸度，ºT；

　　　　c——NaOH 标准溶液的摩尔浓度，mol/L；

　　　　V——滴定时消耗 NaOH 标准溶液的体积，mL；

　　　　m——试样的质量，g；

　　　　0.1——酸度理论定义 NaOH 的摩尔浓度，mol/L。

检验员		审核人	

四、填写检测报告

牛奶酸度检测报告

产品名称		型号规格	
受检单位		生产单位	
抽样地点		送样日期	
样品数量		样品编号	
送样者		原编号或生产日期	
检测依据			
检测项目			
检测结论			
备注			
批准		审核		主检	

【考核评价】

素质	内容		评价		
	学习目标	评价项目	个人评价（20%）	小组评价（30%）	教师评价（50%）
知识能力（20分）	应知	1. 了解酸度的概念 2. 知道牛奶中酸度的表示形式 3. 掌握牛奶中酸度的测定方法			
专业能力（60分）	实验准备（10分）	1. 仪器、试剂、样品准备充分 2. 试验方案设计正确 3. 样品处理方法正确			
	仪器使用（10分）	1. 熟练使用碱式滴定管 2. 正确使用、清洗玻璃仪器			
	操作规范（20分）	1. 样品称量方法正确 2. 滴定管操作方法正确 3. 滴定终点判断正确			
	检验报告（15分）	1. 原始记录填写清晰 2. 数据分析正确 3. 检测报告填写正确			
	遵守安全、卫生要求（5分）	1. 正确执行安全技术操作规程 2. 实验过程保持现场整洁			
通用能力（10分）	语言能力（2分）	1. 准确阐述自己的观点 2. 专业术语表达准确			
	合作能力（3分）	1. 能与同学配合共同完成工作 2. 具有组织和协调能力			
	发现、分析和解决问题能力（3分）	1. 善于发现实验过程中的问题 2. 自主分析和解决实验中的问题			
	创新能力（2分）	1. 善于总结工作经验 2. 善于体验新的检测方法			
态度（10分）	认真、细致、勤劳	整个实验过程认真、仔细、勤劳			
小计					
总分					

查阅资料，想一想乳粉中酸度的测定方法。

任务 3　乳制品中蔗糖含量的检测

【学习目标】

1. 了解蔗糖的概念和性质。
2. 掌握乳制品中蔗糖含量的不同测定方法及原理。
3. 能应用莱因—埃农氏法测定乳制品中蔗糖的含量。

【任务引入】

在乳制品中加糖是为了利于消化，并增加碳水化合物所供给的热量，一般是每 100 mL 乳制品中加入 5 ～ 8 g 糖。葡萄糖甜度低，用多了又容易超出规定范围，而蔗糖甜度高，进入消化道被消化液分解后会变成葡萄糖被人体吸收，所以在乳制品中加入蔗糖是最好的选择。

【任务分析】

乳制品中蔗糖含量的测定方法有两种，最常用的是国家标准《婴幼儿食品和乳品中乳糖、蔗糖的测定》（GB 5413.5—2010）中的第二法——莱因—埃农氏法。此方法适合于大多数乳制品中蔗糖含量的检测，适用性广，故本任务采取该方法。

【相关知识】

一、蔗糖的概念

蔗糖是非还原性二糖，由 1 分子葡萄糖和 1 分子果糖脱水缩合，通过 1，2- 苷键连接而成。在自然界中，蔗糖广泛地存在于植物的果实、根、茎、叶、花及种子内，尤以甘蔗、甜菜中含量最高。

二、乳制品中蔗糖的测定方法

目前测定乳制品中蔗糖的方法参考国家标准 GB 5413.5—2010，其中有高效液相色谱法（第一法）、莱因—埃农氏法（第二法）。其中第一法的检出限为 0.3 g/100 g，第二法的检出限为 0.4 g/100 g。

1. 高效液相色谱法

试样中的乳糖、蔗糖经提取后，利用高效液相色谱柱分离，用示差折光检测器或蒸发光散射检测器检测，外标法进行定量。

2. 莱因—埃农氏法

测定乳糖：试样经除去蛋白质后，在加热条件下，以次甲基蓝为指示剂，直接滴定已标定过的费林氏液，根据样液消耗的体积，计算乳糖含量。

测定蔗糖：试样经除去蛋白质后，其中蔗糖经盐酸水解为还原糖，再按还原糖测定。水解前后的差值乘以相应的系数即为蔗糖含量。

【任务实施】

检测人员参照以下操作流程（见图 3—3—1）完成乳制品中还原糖的检测工作：

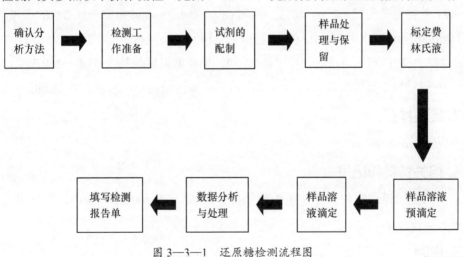

图 3—3—1　还原糖检测流程图

一、检测准备

1. 仪器和设备

（1）电子天平：精确至 0.001 g。

（2）可调电炉（带石棉板）。

（3）水浴锅：温度可控制在（75±2）℃。

（4）酸式滴定管，5 mL、10 mL 吸量管，100 mL、250 mL、1000 mL 容量瓶，150 mL 锥形瓶（配玻璃珠），烧杯，坩埚钳。

2. 试剂及溶液

（1）费林氏液甲液：称取 34.639 g 硫酸铜（$CuSO_4 \cdot 5H_2O$），溶于水中，加入 0.5 mL 浓硫酸，加水至 500 mL。

（2）费林氏液乙液：称取 173 g 酒石酸钾钠、50 g 氢氧化钠，溶于水中，稀释至 500 mL，储存于橡胶塞玻璃瓶内，静置两天后过滤。

（3）乙酸铅溶液（200 g/L）：称取 200 g 乙酸铅，溶于水并稀释至 1000 mL。

（4）草酸钾—磷酸氢二钠溶液：称取草酸钾 30 g，磷酸氢二钠 70 g，溶于水并稀释至 1000 mL。

（5）盐酸（1＋1）：1 体积盐酸与 1 体积水混合。

（6）氢氧化钠溶液（300 g/L）：称取 300 g 氢氧化钠，溶于水并稀释至 1000 mL。

（7）酚酞溶液：称取 0.5 g 酚酞溶于 100 mL 体积分数为 95% 的乙醇中。

（8）次甲基蓝溶液（10 g/L）：称取 1 g 次甲基蓝溶于 100 mL 水中。

（9）蔗糖标准溶液（2 mg/mL）：称取在（105±2）℃烘箱中干燥 2 h 的蔗糖约 0.2 g（精确到 0.1 mg），用 50 mL 水溶解并洗入 100 mL 容量瓶中，加水 10 mL，再加入 10 mL 盐酸，置于 75 ℃水浴锅中，时时摇动，使溶液温度保持在 67.0 ～ 69.5 ℃，保温 5 min，冷却后加 2 滴酚酞溶液，用氢氧化钠溶液调至微粉色，用水定容至刻度。

3. 检验样品

市售乳制品。

4. 相关资料和记录

水浴锅使用操作规程、可调电炉使用操作规程、GB 5413.5—2010、检验报告单、原始记录本。

5. 说明

（1）盛放费林氏液乙液的试剂瓶应配以橡胶塞。

（2）使用可调电炉时要严格按照仪器操作规程操作。

（3）所用试剂均为分析纯，水为《分析实验室用水规格和试验方法》（GB/T 6682—2008）中规定的三级水。

（4）用具用品、相关资料、记录要准备齐全。

二、样品分析

1. 样品处理

图示	操作步骤	说明
  	（1）称取婴儿乳制品或脱脂乳粉 2 g，精确到 0.1 mg，用 100 mL 水分数次溶解并洗入 250 mL 容量瓶中	（1）精确至 0.0001 g （2）若样品为全脂加糖乳粉或全脂乳粉则称取 2.5 g，乳清粉则称取 1 g

续表

图示	操作步骤	说明
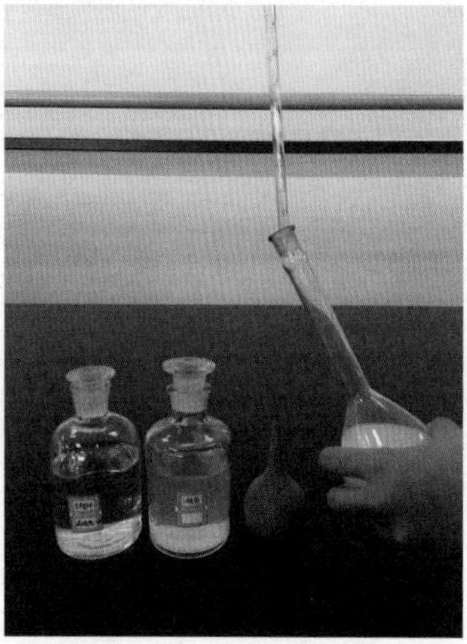	（2）慢慢加入 4 mL 乙酸铅溶液、4 mL 草酸钾—磷酸氢二钠溶液，并振荡容量瓶，用水稀释至刻度	（1）乙酸铅和草酸钾 磷酸氢二钠作为蛋白质沉淀剂 （2）沉淀剂不能采用硫酸铜—氢氧化钠，以免样液中误入铜离子影响实验结果
	（3）静置数分钟后用干燥滤纸过滤，弃去最初 25 mL 滤液后，所得滤液即可在测定乳糖含量时滴定用	

2. 标定费林氏液

图示	操作步骤	说明
	（1）准确吸取 5 mL 费林氏液乙液及 5 mL 甲液，置于 150 mL 锥形瓶中，加水 20 mL，加入两粒玻璃珠	一定先加乙液，再加甲液

图示	操作步骤	说明
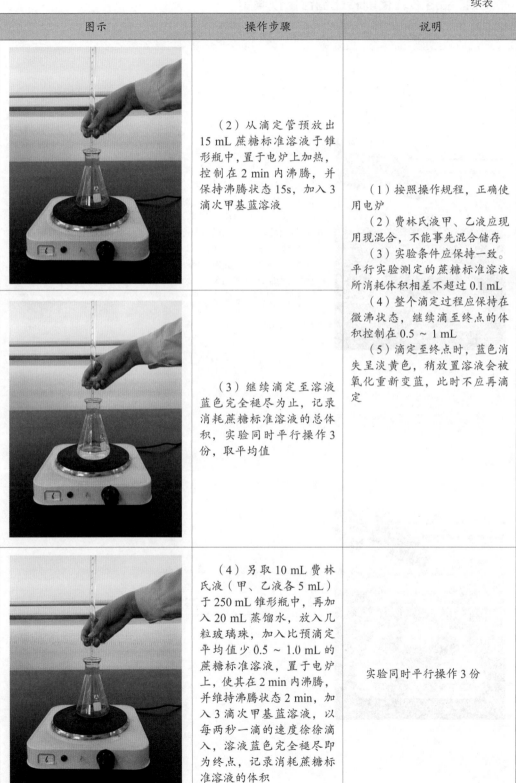	（2）从滴定管预放出 15 mL 蔗糖标准溶液于锥形瓶中，置于电炉上加热，控制在 2 min 内沸腾，并保持沸腾状态 15s，加入 3 滴次甲基蓝溶液	（1）按照操作规程，正确使用电炉 （2）费林氏液甲、乙液应现用现混合，不能事先混合储存 （3）实验条件应保持一致。平行实验测定的蔗糖标准溶液所消耗体积相差不超过 0.1 mL （4）整个滴定过程应保持在微沸状态，继续滴至终点的体积控制在 0.5 ~ 1 mL （5）滴定至终点时，蓝色消失呈淡黄色，稍放置溶液会被氧化重新变蓝，此时不应再滴定
	（3）继续滴定至溶液蓝色完全褪尽为止，记录消耗蔗糖标准溶液的总体积，实验同时平行操作 3 份，取平均值	
	（4）另取 10 mL 费林氏液（甲、乙液各 5 mL）于 250 mL 锥形瓶中，再加入 20 mL 蒸馏水，放入几粒玻璃珠，加入比预滴定平均值少 0.5 ~ 1.0 mL 的蔗糖标准溶液，置于电炉上，使其在 2 min 内沸腾，并维持沸腾状态 2 min，加入 3 滴次甲基蓝溶液，以每两秒一滴的速度徐徐滴入，溶液蓝色完全褪尽即为终点，记录消耗蔗糖标准溶液的体积	实验同时平行操作 3 份

3. 样品溶液转化前转化糖含量预滴定

图示	操作步骤	说明
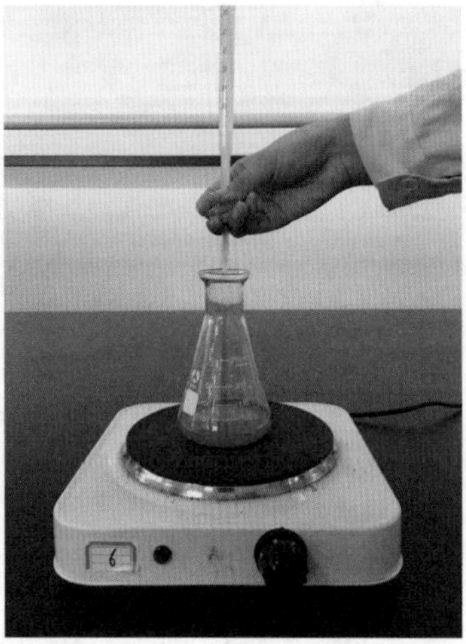	（1）准确吸取 5 mL 费林氏液乙液及 5 mL 甲液，置于 150 mL 锥形瓶中，加水 20 mL，加入两粒玻璃珠，从滴定管预放出 15 mL 滤液于锥形瓶中，置于电炉上加热，控制在 2 min 内沸腾，并保持沸腾状态 15 s，加入 3 滴次甲基蓝溶液	
	（2）继续滴定至溶液蓝色完全褪尽为止，记录消耗滤液的总体积，实验同时平行操作 3 份，取其平均值	与"标定费林氏液"相同

4. 样品溶液转化前转化糖含量正式滴定

图示	操作步骤	说明
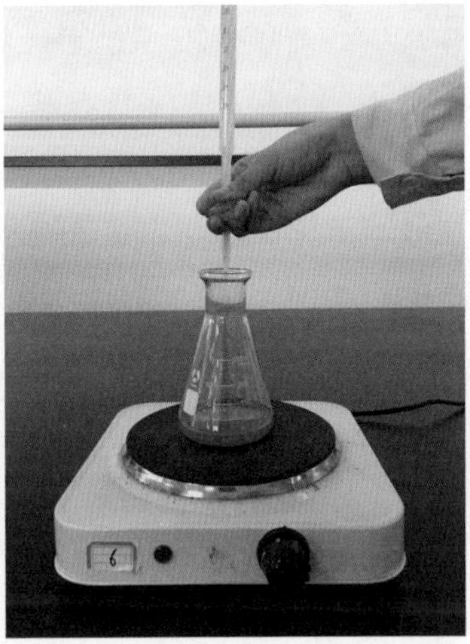	（1）另取 10 mL 费林氏液（甲、乙液各 5 mL）于 250 mL 锥形瓶中，再加入 20 mL 蒸馏水，放入几粒玻璃珠，加入比预滴定量少 0.5～1.0 mL 的滤液，置于电炉上，使其在 2 min 内沸腾，并维持沸腾状态 2 min，加入 3 滴次甲基蓝溶液	其余说明与"标定费林氏液"相同
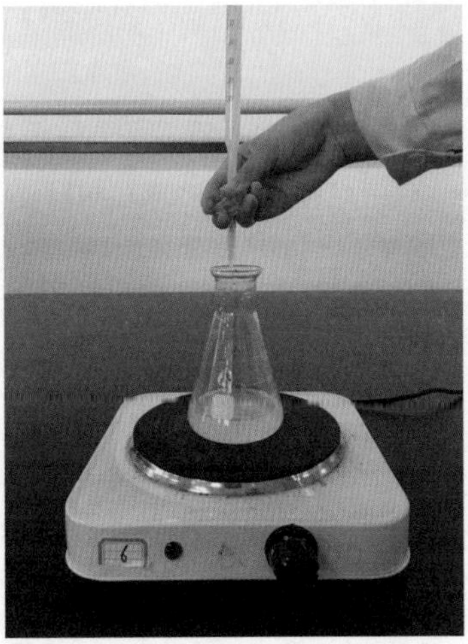	（2）以每两秒一滴的速度慢慢滴入，溶液蓝色完全褪尽即为终点，记录消耗滤液的体积，同时平行操作 3 份，结果取其平均值	

5. 样品溶液转化后转化糖含量预滴定

图示	操作步骤	说明
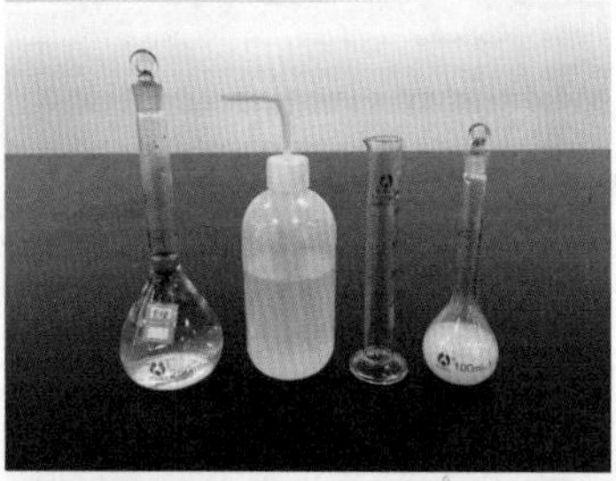 	（1）取 50 mL 滤液于 100 mL 容量瓶中，加水 10 mL，再加入 10 mL 盐酸，置于 75 ℃水浴锅中，时时摇动，使溶液温度保持在 67.0 ~ 69.5 ℃，保温 5 min，冷却后，加 2 滴酚酞溶液，用氢氧化钠溶液调至微粉色，用水定容至刻度，即为转化液	
	（2）准确吸取 5 mL 费林氏液乙液及 5 mL 甲液，置于 150 mL 锥形瓶中，加水 20 mL，加入两粒玻璃珠，从滴定管预放出 15 mL 转化液于锥形瓶中，置于电炉上加热，控制在 2 min 内沸腾，并保持沸腾状态 15s，加入 3 滴次甲基蓝溶液	与"标定费林氏液"相同
	（3）继续滴定至溶液蓝色完全褪尽为止，记录消耗样品溶液的总体积，实验同时平行操作 3 份，取其平均值	

6. 样品溶液转化后转化糖含量正式滴定

图示	操作步骤	说明
	（1）另取 10 mL 费林氏液（甲、乙液各 5 mL）于 250 mL 锥形瓶中，再加入 20 mL 蒸馏水，放入几粒玻璃珠，加入比预滴定量少 0.5～1.0 mL 的转化液，置于电炉上，使其在 2 min 内沸腾，并维持沸腾状态 2 min，加入 3 滴次甲基蓝溶液	其余说明与"标定费林氏液"相同
	（2）以每两秒一滴的速度慢慢滴入，溶液蓝色完全褪尽即为终点，记录消耗转化液的体积，同时平行操作 3 份，结果取其平均值	

三、数据记录与处理

1. 填写检测原始记录表

原始记录表

检验依据		检测项目	
仪器名称		仪器型号	

名称 样品编号	I	II	III
标定费林氏液			
称取蔗糖质量（g）			
标定费林氏液耗用蔗糖标准溶液的体积（mL）			
样品溶液转化前转化糖测定			
称取样品质量（g）			
正式滴定中耗用滤液的体积（mL）			
样品中蔗糖的含量（%）			
样品溶液转化后转化糖测定			
正式滴定中耗用转化液的体积(mL)			
样品中蔗糖的含量（%）			
检验员		检验日期	

2. 数据处理

（1）费林氏液的蔗糖校正值（f_2）：

$$A_2 = \frac{V_2 \times m_2 \times 1000}{100 \times 0.95} = 10.5263 \times V_2 \times m_2$$

$$f_2 = \frac{10.5263 \times V_2 \times m_2}{AL_2}$$

式中　A_2——实测转化糖数，mg；

　　　V_2——标定费林氏液时消耗蔗糖溶液的体积，mL；

　　　m_2——称取蔗糖的质量，g；

　　　0.95——果糖分子质量和葡萄糖分子质量之和与蔗糖分子质量的比值；

　　　f_2——费林氏液的蔗糖校正值；

　　　AL_2——由蔗糖溶液滴定的毫升数查表 3—3—1 所得的转化糖数，mg。

表 3—3—1　　　　　　　　　　　乳糖及转化糖因数表

滴定量（mL）	乳糖（mg）	转化糖（mg）	滴定量（mL）	乳糖（mg）	转化糖（mg）
15	68.3	50.5	33	67.8	51.7
16	68.2	50.6	34	67.9	51.7
17	68.2	50.7	35	67.9	51.8
18	68.1	50.8	36	67.9	51.8
19	68.1	50.8	37	67.9	51.9
20	68.0	50.9	38	67.9	51.9
21	68.0	51.0	39	67.9	52.0
22	68.0	51.0	40	67.9	52.0
23	67.9	51.1	41	68.0	52.1
24	67.9	51.2	42	68.0	52.1
25	67.9	51.2	43	68.0	52.2
26	67.9	51.3	44	68.0	52.2
27	67.8	51.4	45	68.1	52.3
28	67.8	51.4	46	68.1	52.3
29	67.8	51.5	47	68.2	52.4
30	67.8	51.5	48	68.2	52.4
31	67.8	51.6	49	68.2	52.5
32	67.8	51.6	50	68.3	52.5

（2）计算出相对应的转化前转化糖数（X_1）：

$$X_1 = \frac{F_2 \times f_2 \times 0.25 \times 100}{V_1 \times m}$$

式中　X_1——转化前转化糖的质量分数，g/100 g；

　　　F_2——由测定乳糖时消耗样液的毫升数查表 3—3—1 所得的转化糖数，mg；

　　　f_2——费林氏液蔗糖校正值；

　　　V_1——滴定消耗滤液量，mL；

　　　m——样品的质量，g。

若试样中蔗糖与乳糖之比超过 3∶1，计算乳糖时应先在滴定量中加上表 3—3—2 中的校正值数，再查表 3—3—1。

表 3—3—2　　　　　　　　　　　乳糖滴定量校正值数

滴定终点时所用的糖液量（mL）	用 10 mL 费林氏液、蔗糖及乳糖量的比	
	3 : 1	6 : 1
15	0.15	0.30
20	0.25	0.50
25	0.30	0.60
30	0.35	0.70
35	0.40	0.80
40	0.45	0.90
45	0.50	0.95
50	0.55	1.05

（3）计算出相对应的转化后转化糖数（X_2）：

$$X_2 = \frac{F_3 \times f_2 \times 0.50 \times 100}{V_2 \times m}$$

式中　X_2——转化后转化糖的质量分数，g/100 g；

　　　F_3——由 V_2 查表 3—3—1 所得转化糖数，mg；

　　　f_2——费林氏液蔗糖校正值；

　　　V_2——滴定消耗转化液量，mL；

　　　m——样品的质量，g。

（4）试样中蔗糖的含量（X）：

$$X = (X_2 - X_1) \times 0.95$$

式中　X——试样中蔗糖的质量分数，g/100 g；

　　　X_1——转化前转化糖的质量分数，g/100 g；

　　　X_2——转化后转化糖的质量分数，g/100 g。

以重复性条件下获得的两次独立测定结果的算术平均值表示，结果保留三位有效数字。

3. 异常点分析

（1）费林氏液的配制是否有误，移取的量是否准确。

（2）葡萄糖标定是否准确。

（3）滴定终点的判断是否正确。

（4）原始记录是否有误。

（5）计算是否有误。

四、填写检验报告单

1. 按照要求正确填写检验报告单，报告要求实事求是，完整、清晰。

2. 根据还原糖质量标准判定乳制品中还原糖含量是否合格。

【考核评价】

素质	内容		评价		
	学习目标	评价项目	个人评价（20%）	小组评价（30%）	教师评价（50%）
知识能力（20分）	应知	1. 了解蔗糖的概念 2. 知道乳制品中蔗糖含量的测定方法 3. 掌握莱因—埃农氏法测定乳制品中蔗糖含量的原理			
专业能力（60分）	实验准备（10分）	1. 仪器、试剂、样品准备充分 2. 试验方案设计正确 3. 样品处理方法正确 4. 正确配制费林氏液等检测试剂			
	仪器使用（10分）	1. 熟练使用滴定管 2. 正确使用水浴锅			
	操作规范（20分）	1. 样品处理方法正确 2. 标定费林氏液操作准确 3. 样品溶液滴定终点判断正确			
	检验报告（15分）	1. 原始记录填写清晰 2. 数据分析正确 3. 检验报告填写正确			
	遵守安全、卫生要求（5分）	1. 正确执行安全技术操作规程 2. 实验过程保持现场整洁			
通用能力（10分）	语言能力（2分）	1. 准确阐述自己的观点 2. 专业术语表达准确			
	合作能力（3分）	1. 能与同学配合完成工作 2. 具有组织和协调能力			

素质	内容		评价		
	学习目标	评价项目	个人评价（20%）	小组评价（30%）	教师评价（50%）
通用能力（10分）	发现、分析和解决问题能力（3分）	1. 善于发现实验过程中的问题 2. 自主分析和解决实验中的问题			
	创新能力（2分）	1. 善于总结工作经验 2. 善于体验新的检测方法			
态度（10分）	认真、细致、勤劳	整个实验过程认真、仔细、勤劳			
小计					
总分					

【思考与练习】

1. 乳制品中蔗糖含量的测定通常采用哪些方法？

2. 莱因—埃农氏法测定乳制品中蔗糖含量时为什么必须进行预滴定？

3. 莱因—埃农氏法测定乳制品中蔗糖含量时数据处理一共分为几部分？分别得到的结果是什么？它们之间有什么关系？

任务4 牛奶中蛋白质含量的检测

【学习目标】

1. 了解常见食品中蛋白质的组成、结构、含量和生理功能。

2. 能够准确配制相关试剂。

3. 掌握凯氏定氮法测定食品中的蛋白质含量。

4. 能够正确使用凯氏定氮仪并对其进行维护和保养。

【任务引入】

小李是某乳制品厂的牛奶出厂检验员，牛奶中的蛋白质含量是衡量乳及乳制品品质的重要指标之一，是必须检验的指标。如果你是小李，请根据相应的检验标准检测牛奶中蛋白质的含量，并将检验结果与产品质量标准进行比较，最后出具检验报告单。

【任务分析】

牛奶中蛋白质的检测方法参照《食品中蛋白质的测定》（GB 5009.5—2016）中的凯氏定氮法。此法适用于各种食品中蛋白质的测定，是测定总有机氮量较为准确、操作较为简单的方法之一，可用于所有动、植物食品及各种加工食品的分析，可同时测定多个样品，故国内外应用较为普遍，是个经典分析方法，至今仍被看作是标准检验方法。

【相关知识】

蛋白质是构成人体结构的主要成分，其含量仅次于水，约占人体重的1/5。肌肉、神经组织中蛋白质成分最多，其他脏器及腺体组织中次之，但含量也相当丰富。食物中以豆类、花生、肉类、乳类、蛋类和鱼虾类含蛋白质较高，而谷类含量较少，蔬菜、水果中更少。

人体对蛋白质的需要不仅取决于蛋白质的含量，还取决于蛋白质中所含必需氨基酸的种类及比例。由于动物蛋白质所含氨基酸的种类和比例较符合人体需要，所以动物性蛋白质比植物性蛋白质营养价值高，测定食品中蛋白质的含量，对评价食品的营养价值、指导经济核算及生产过程控制均具有极重要的意义。

一、蛋白质的组成及结构

蛋白质是生命的物质基础，是构成生物体细胞组织的重要成分，也是生物体发育及修补组织的原料，一切有生命的活体都含有不同类型的蛋白质。

蛋白质由C（碳）、H（氢）、O（氧）、N（氮）组成，一般蛋白质可能还会含有P（磷）、S（硫）、Fe（铁）、Zn（锌）、Cu（铜）、B（硼）、Mn（锰）、I（碘）、Mo（钼）等。这些元素在蛋白质中的百分比组成约为50%碳、7%氢、23%氧、16%氮、0～3%的硫及其他微量元素。

蛋白质在酸、碱、酶的作用下水解得到中间产物（朊、胨、肽），最终水解成氨基酸。所以，蛋白质的基本单位是氨基酸，多个氨基酸连接起来形成高分子化合物。蛋白质分子上氨基酸的序列和由此形成的立体结构构成了蛋白质结构的多样性，如图3—4—1所示。

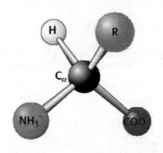

图3—4—1　氨基酸的结构

二、常见食品中蛋白质的含量

蛋白质是由氨基酸以"脱水缩合"的方式组成的多肽链经过盘曲折叠形成的具有一定空间结构的物质。不同蛋白质的氨基酸组成不同，氮含量就不同，总氮量换算成蛋白质的系数也不相同，如小麦和多数谷物的换算系数为5.80，水稻5.95，大豆5.7，多数食用豆和坚果5.3，牛奶6.38等，常见食物中蛋白质的含量见表3—4—1。

表3—4—1　　　　　　　常见食物中蛋白质的含量（每100 g食物）

样品名称	蛋白质含量	样品名称	蛋白质含量	样品名称	蛋白质含量
大米	7 g	面粉	9 g	黄豆	36 g
豆腐	7.4 g	鸡蛋	15 g	花生	27 g
猪肉	9.5 g	牛肉	20 g	鲤鱼	17 g
绿豆	24 g	牛乳	3.3 g	对虾	21 g

三、食品中蛋白质的生理功能

在人体中，蛋白质的主要生理功能表现在6个方面：

1. 是人体的重要物质，是生长的物质基础

人体的每个组织，毛发、皮肤、肌肉、骨骼、内脏、大脑、血液、神经及内分泌等都是由蛋白质组成的。这些组织细胞每天都在不断地更新。因此，人体必须每天摄入一定量的蛋白质，作为构成和修复组织的材料。

2. 构成酶、激素和抗体

人体的新陈代谢实际上是通过化学反应来实现的，在人体化学反应的过程中，离不开酶的催化作用，如果没有酶，生命活动就无法进行，这些各具特殊功能的酶均是由蛋白质构成的。此外，一些调节生理功能的激素和胰岛素，以及提高肌体抵抗能力，保护肌体免受致病微生物侵害的抗体，也是以蛋白质为主要原料构成的。

3. 维持正常的血浆渗透压，使血浆和组织之间的物质交换保持平衡

如果膳食中长期缺乏蛋白质，血浆蛋白特别是白蛋白的含量就会降低，血液内的水分便会过多地渗入周围组织，造成临床上的营养不良性水肿。

4. 供给肌体能量

在正常膳食情况下，肌体可将完成主要功能，而剩余的蛋白质氧化分解转化为能量。不过，就整个肌体而言，蛋白质这方面的功能是微不足道的。

5. 维持肌体的酸碱平衡

肌体内的组织细胞必须处于合适的酸碱度范围内，肌体的这种维持酸碱平衡的能力是通过肺、肾脏以及血液缓冲系统来实现的。其中，蛋白质缓冲体系是血液缓冲系统的重要组成部分，因此蛋白质在维持肌体酸碱平衡方面起着十分重要的作用。

6. 运输氧气及营养物质

血红蛋白可以携带氧气到身体的各个部分，供组织细胞代谢使用。体内有许多营养素必须与某种特异的蛋白质结合，将其作为载体才能运转，例如，运铁蛋白、钙结合蛋白、视黄醇蛋白等都属于此类。

四、食品中蛋白质含量的检测方法

目前，测定食品中蛋白质含量的方法有多种，一般常用的有化学分析法、比色分析法和物理分析法。

化学分析法主要是凯氏定氮法（凯氏系列定氮法），是通过测出样品中的总含氮量再乘以相应的蛋白质系数，从而求出蛋白质含量的方法。此法可应用于各类食品中蛋白质含量的测定，所用到的仪器为凯氏定氮仪，也叫作蛋白质测定仪，如图3—4—2所示。

此外，比色分析法包括双缩脲法（缩二脲法）、色素结合法、紫外分光光度法和酚试剂法。物理分析法主要有分离称量（质量分析法）、放射性同位素法和折光法。

凯氏定氮法是测定化合物或混合物中总氮量的一种方法。即在有催化剂的条件下，用浓硫酸消化样品将有机氮都转变成无机铵盐，然后在碱性条件下将铵盐转化为氨，随

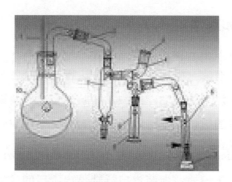

图 3—4—2 凯氏定氮仪

水蒸气馏出并为过量的硼酸液吸收，再以标准盐酸滴定，就可计算出样品中的含氮量。由于蛋白质含氮量比较恒定，可由其含氮量计算蛋白质含量，故此法是经典的蛋白质定量方法。除了上述传统的凯氏定氮法外，还有自动凯氏定氮法，装置如图 3—4—3 所示。

图 3—4—3 自动凯氏定氮装置

1. 凯氏定氮法的检测原理

蛋白质是含氮的有机化合物。食品与硫酸和催化剂一同加热消化使蛋白质分解，分解的氮与硫酸结合生成硫酸铵。然后碱化蒸馏使氨游离，用硼酸吸收后再以硫酸或盐酸标准溶液滴定，酸的消耗量乘以换算系数即为蛋白质含量。

2. 凯氏定氮法的适用范围

这种测算方法的本质是测出氮的含量，再作蛋白质含量的估算。只有在被测物的组成是蛋白质时才能用此方法来估算蛋白质含量。

五、凯氏定氮仪的结构与使用方法

1. 结构

凯氏定氮仪的结构如图 3—4—4 所示。

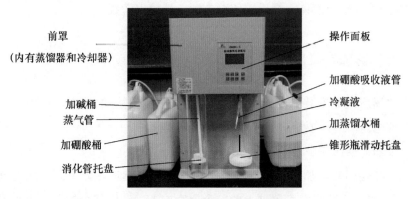

图 3—4—4 凯氏定氮仪的结构

2. 使用方法

（1）准备工作。将配件中的橡胶管根据实际需要剪成不同的长短，一端分别连接好蒸馏水、冷却水、酸、碱进出口，另一端必须浸泡在所对应的液面下面。在消化管托盘上放上空的消化管，锥形瓶托盘上放空的锥形瓶。

（2）通气检查。打开水龙头开关，接上电源线，打开电源总开关。仪器开始自动加水，加完水后显示屏上出现模式选择状态。

按照实际需要计算加酸、加碱和蒸馏的时间。

接着按"加酸"键，等待 10s 左右再按"取消"键，倒掉锥形瓶内液体。同样方法按"加碱"键，等待 10s 左右再按"取消"键，倒掉消化管内液体。放回锥形瓶和消化管。然后直接选择"蒸馏"键，待消化管内的四氟管口开始出气泡后继续蒸馏 5 min 左右，再按"取消"键，最后直接关闭电源。整机通气通水完毕。

（3）样品蒸馏。在消化管托盘上换上已消化冷却好的样品，锥形瓶托盘上换上250 mL 锥形瓶，调整托盘高度并使氨气回流玻璃嘴的出口靠近杯底。

重新打开电源，待显示屏界面显示为可调自动模式界面后，按"功能"键进入到参数设定界面，选择所需要的操作程序（参数），然后按"取消"键回到自动模式界面，再按"确定"键即可对样品进行蒸馏工作。如果选择手动模式，则可直接按"加酸"键、"加碱"键和"蒸馏"键进行操作。

蒸馏完毕后，将容量瓶下移，使氨气回流玻璃嘴离开液面，用蒸馏水冲洗玻璃嘴外壁，继续按"蒸馏"键蒸馏半分钟，取下锥形瓶待滴定用。

（4）关机。先换上空的消化管和锥形瓶，把橡胶管连碱进口的一端放入蒸馏水容器内，用手动模式按"加碱"键，用蒸馏水清洗碱泵，一般 15s 左右。用同样方法清洗酸泵。

然后关闭冷却水，拔掉酸进口、碱进口、蒸馏水进口、冷却水进口及出口的橡胶管，保留蒸馏水出口橡胶管，打开蒸馏水排水开关，排净蒸馏水。再次按"加酸"键和"加碱"键，排净管内剩余液体。最后关闭总电源，拔掉电源线。

六、凯氏定氮仪的维护与保养

（1）仪器应避免安装在阳光直射及过冷、过热或潮湿的地方，室内温度要保持在 10 ~ 30 ℃范围内，通风要好，且应有良好的散热条件。

（2）仪器前部槽皿中若积有液体，应及时擦干净。

（3）长期使用后，加热器上会结有水垢，它会影响加热效率。若水垢过厚，可在关机状态下断电，将蒸汽发生器顶上的一个旋塞拧下，在管口处插入一个小漏斗注入除垢剂或冰醋酸清洗水垢（也可用稀释后的硫酸）。清洗后，打开机箱内蒸汽发生器排水节门将水排净，并加入清水多次清洗。

（4）仪器工作过程中，消化管外面的有机玻璃罩必须关好。

【任务实施】

检验人员按以下流程（见图 3—4—5）完成蛋白质含量检测工作：

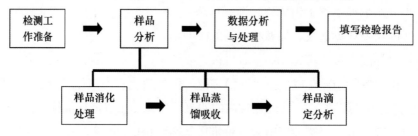

图 3—4—5　牛乳中蛋白质含量检测流程

一、检测工作准备

1. 仪器和设备

（1）电子天平：精确至 ±0.1 mg。

（2）KDN-08C 控温消化炉（见图 3—4—6）。

（3）ZDDN-11 自动型凯氏定氮仪（见图 3—4—7）。

（4）消化管（见图 3—4—8）。

（5）消化管架（见图3—4—8）。

图3—4—6　控温消化炉

图3—4—7　自动型凯氏定氮仪

图3—4—8　消化管架及消化管

2. 试剂及溶液配制

（1）浓硫酸。

（2）硫酸铜。

（3）硫酸钾。

（4）氢氧化钠溶液（400 g/L）：称取40 g氢氧化钠加水溶解后，放冷，再稀释至100 mL。

（5）硼酸溶液（20 g/L）：称取 20 g 硼酸，加水溶解后再稀释至 1000 mL。

（6）盐酸标准滴定溶液（0.0500 mol/L）：取浓盐酸 4.5 mL，加水稀释至 1000 mL（使用前要进行标定）。

（7）甲基红—溴甲酚绿指示液（1 g/L）：①称取 0.1 g 甲基红，溶于 95% 乙醇，再用 95% 乙醇稀释至 100 mL。②称取 0.1 g 溴甲酚绿，溶于 95% 乙醇，再用 95% 乙醇稀释至 100 mL。①与②以 1∶5 临时混合备用。

3. 检验样品

超市购买的袋装牛奶。

4. 其他用具用品

笔试本、记号笔、防护眼镜、防护口罩、计算器。

5. 相关资料

凯氏定氮仪使用操作规程、控温消化炉使用操作规程、原始记录本、检验报告单、学生评价表、《食品中蛋白质的测定》（GB 5009.5—2016）。

6. 说明

（1）仪器设备需开机预热 30 min。

（2）确认仪器和设备处于正常使用状态。

（3）确认药品试剂的浓度是否有效。

（4）注意使用高温仪器及盐酸配制过程中的安全问题。

（5）打开控温消化炉，设定温度为 300 ℃。

（6）开启凯氏定氮仪，准备实验所需溶液。

二、样品分析

1. 样品消化处理

图示	操作步骤	说明
	（1）称取 10.000 g 试样，移入干燥的消化管中，加入 0.4 g 硫酸铜、6 g 硫酸钾及 20 mL 硫酸，轻摇后于消化管口放一小漏斗，置于控温消化炉上	（1）样品应尽量选取具有代表性的，大块的固体样品应用粉碎设备打得细小均匀，液体样要混合均匀 （2）样品脂肪含量较高时，应适当增加硫酸量

续表

图示	操作步骤	说明
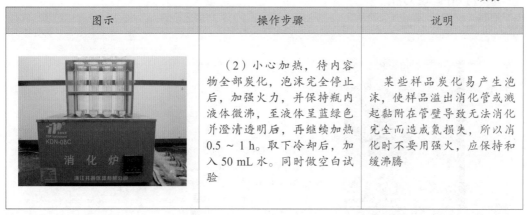	（2）小心加热，待内容物全部炭化，泡沫完全停止后，加强火力，并保持瓶内液体微沸，至液体呈蓝绿色并澄清透明后，再继续加热0.5～1 h。取下冷却后，加入50 mL水。同时做空白试验	某些样品炭化易产生泡沫，使样品溢出消化管或溅起黏附在管壁导致无法消化完全而造成氮损失，所以消化时不要用强火，应保持和缓沸腾

2. 样品蒸馏吸收

图示	操作步骤	说明
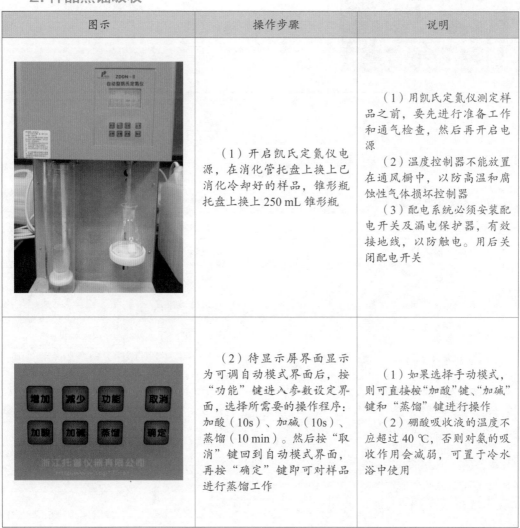	（1）开启凯氏定氮仪电源，在消化管托盘上换上已消化冷却好的样品，锥形瓶托盘上换上250 mL锥形瓶	（1）用凯氏定氮仪测定样品之前，要先进行准备工作和通气检查，然后再开启电源 （2）温度控制器不能放置在通风橱中，以防高温和腐蚀性气体损坏控制器 （3）配电系统必须安装配电开关及漏电保护器，有效接地线，以防触电。用后关闭配电开关
	（2）待显示屏界面显示为可调自动模式界面后，按"功能"键进入参数设定界面，选择所需要的操作程序：加酸（10s）、加碱（10s）、蒸馏（10 min）。然后按"取消"键回到自动模式界面，再按"确定"键即可对样品进行蒸馏工作	（1）如果选择手动模式，则可直接按"加酸"键、"加碱"键和"蒸馏"键进行操作 （2）硼酸吸收液的温度不应超过40 ℃，否则对氨的吸收作用会减弱，可置于冷水浴中使用

3. 样品滴定分析

图示	操作步骤	说明
	接收的馏液，用 0.05 mol/L 盐酸标准溶液滴定，液体颜色由灰色转至蓝紫色时为终点。按含氮量——粗蛋白含量公式进行计算，取得测定结果	准确判断滴定终点

三、数据分析及处理

原始记录表

检测项目		检验样品	
检测依据		检验方法	
主要仪器名称		仪器型号	
仪器编号		检验日期	
标准溶液名称		标准溶液浓度	
编号 名称	I	II	III
样品的质量（g）			
试剂空白消耗盐酸标准溶液的体积（mL）			
样品消耗盐酸标准溶液的体积（mL）			
蛋白质	测定值		
	平均值		

蛋白质含量按下式进行计算：

$$X = \dfrac{(V_1 - V_2) \times c \times 0.0140}{m \times \dfrac{V_3}{100}} \times F \times 100$$

式中 X——试样中蛋白质的含量，g/100 g；

V_1——试液消耗盐酸标准滴定液的体积，mL；

V_2——试剂空白消耗盐酸标准滴定液的体积，mL；

C——盐酸标准滴定液的浓度，mol/L；

0.0140——盐酸 [c（HCl）=1.000 mol/L）] 标准滴定溶液相当的氮的质量，g；

m——试样的质量，g；

V_3——吸取消化液的体积，mL。

F——氮换算为蛋白质的系数；

100——换算系数。

说明：1. 氮换算为蛋白质的系数，一般食物为6.25，乳制品为6.38，面粉为5.70，玉米、高粱为6.24，花生为5.46，米为5.95，大豆及其制品为5.71，肉与肉制品为6.25，大麦、小米、燕麦、裸麦为5.83，芝麻、向日葵为5.30。

2. 蛋白质含量≥ 1 g/100 g 时，结果保留三位有效数字；蛋白质含量＜ 1 g/100 g 时，结果保留两位有效数字。

3. 学员检测氮含量时，不需要乘以蛋白质换算系数 F。

检验员		审核人	

四、填写检测报告

牛奶中蛋白质含量的检测报告

产品名称		型号规格	
受检单位		生产单位	
抽样地点		送样日期	
样品数量		样品编号	
送样者		原编号或生产日期	
检测依据			
检测项目			
检测结论			
备注			
批准		审核		主检	

【考核评价】

素质	内容		评价		
	学习目标	评价项目	个人评价（20%）	小组评价（30%）	教师评价（50%）
知识能力（20分）	应知	1. 了解常见食品中蛋白质的组成、结构、含量和生理功能 2. 能够准确配制相关试剂 3. 掌握凯氏定氮法测定食品中的蛋白质 4. 能够正确使用凯氏定氮仪并对其进行维护和保养			
专业能力（60分）	实验准备（10分）	1. 仪器、试剂、样品准备充分 2. 试验方案设计正确 3. 样品处理方法正确			
	仪器使用（10分）	1. 熟练使用消化炉和凯氏定氮仪 2. 正确使用、清洗玻璃仪器			
	操作规范（20分）	1. 样品处理方法正确 2. 消化炉操作方法正确 3. 凯氏定氮仪操作方法正确 4. 滴定管操作方法正确			
	检验报告（15分）	1. 原始记录填写清晰 2. 数据分析正确 3. 检测报告填写正确			
	遵守安全、卫生要求（5分）	1. 正确执行安全技术操作规程 2. 实验过程保持现场整洁			
通用能力（10分）	语言能力（2分）	1. 准确阐述自己的观点 2. 专业术语表达准确			
	合作能力（3分）	1. 能与同学配合共同完成工作 2. 具有组织和协调能力			
	发现、分析和解决问题能力（3分）	1. 善于发现实验过程中的问题 2. 自主分析和解决实验中的问题			
	创新能力（2分）	1. 善于总结工作经验 2. 善于体验新的检测方法			
态度（10分）	认真、细致、勤劳	整个实验过程认真、仔细、勤劳			
小计					
总分					

【思考与练习】

1. 在样品消化不完全的情况下，蛋白质测定结果是偏高还是偏低？
2. 在固态样品测定中应注意哪些问题？
3. 如果在样品蒸馏过程中出现蒸馏不完全的情况，结果会如何？

项目四

乳制品常规微生物检验

任务 1 牛乳中菌落总数的检验

》》》【学习目标】

1. 掌握菌落总数的基本概念及基本原理。
2. 掌握菌落总数测定的卫生学意义。
3. 能正确进行菌落总数的采样。
4. 能正确对平皿进行菌落计数并报告。
5. 能正确对乳制品进行菌落总数的测定。

【任务引入】

2012 年 7 月 23 日，光明乳业再次曝出乳品菌落总数超标的质量问题，公司表示菌落总数超标是长途运输过程中的挤压受损，以及销售环境的温度不稳定所致。由此可见菌落总数检验在日常食品抽检中的重要性。菌落总数的测定可以及时判定乳制品在加工过程中是否符合卫生要求，为被检食品的卫生学评价提供可靠的检验依据。本任务以牛乳为例，完成样品的菌落总数测定。

【任务分析】

对乳制品进行菌落总数的测定，目的在于了解乳制品在生产中，从原料加工到成品包装等各个环节受外界污染的情况；菌落总数的多少标志着食品卫生质量的优劣。人体如果食用菌落总数超标的食品，容易引起肠胃不适、腹泻等症状。菌落总数还可用来预测食品可存放的保质期限。我国现行的乳制品菌落总数测定方法均参照《食品微生物学

检验 总则》（GB 4789.1—2016）进行采样，参照《食品微生物学检验 菌落总数测定》（GB 4789.2—2016）、《食品微生物学检验 乳与乳制品检验》（GB 4789.18—2010）进行牛奶菌落总数的检验。

【相关知识】

一、菌落总数

1. 菌落总数

指食品检样经过处理，在一定条件（如培养基成分、培养温度和时间、pH 值、需氧性质等）下培养后，所得 1 mL（或 1 g）被检样品中所含细菌菌落的总数。所得结果只包括一群在方法规定条件下生长的，嗜温的需氧菌和兼性厌氧菌的菌落总数。

每种细菌都有其一定的生理特性，培养时只有满足其不同的培养条件才能将各种细菌培养出来，但在实际的工作中，细菌菌落总数的测定一般都是利用平皿活菌计数法（见图 4—1—1），此法并不能测出实际总活菌数，如厌氧菌和嗜冷菌等在此条件下就不能生长，因此菌落总数测定的结果只能反映一群能在普通营养琼脂中发育，嗜温、需氧的细菌菌落的总数。此外，菌落总数也不能对细菌的种类进行区分，所以有时也被称为杂菌菌落总数。

2. 菌落单位（CFU）

食品检样中的细菌细胞是以单个、链状或成堆的形式存在于食物及平皿琼脂中，因而所形成的菌落可能来源于单个细菌细胞，也可能来源于链状或成堆存在的细菌细胞，因此平皿上所得到的细菌菌落的数字不应报告为活菌个数，而应以单位质量、容积或表面积内的菌落形成单位数（Colony-Forming Units，CFU）计数（见图 4—1—2）并报告。

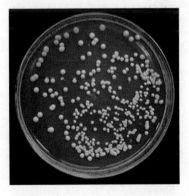

图 4—1—1　平皿中的细菌菌落

图 4—1—2　以 CFU 为单位进行菌落计数

二、菌落总数的卫生学意义

菌落总数测定可用来判定食品被细菌污染的程度及其卫生质量，它能反映食品的生产过程是否符合卫生要求，也能对被检样品作出适当的卫生学评价。菌落总数的多少在一定程度上标志着食品卫生质量的优劣。

1. 食品被污染程度的判定指标

食品中的菌落总数直接反映着食品的卫生质量。菌落总数越多，说明食品质量越差，被病原菌污染的可能性越大。食品中菌落总数超过 10 万个，就足以引起细菌性食物中毒。消费者食用菌落总数严重超标的食品，很容易患痢疾等肠道疾病，出现呕吐、腹泻等症状，危害人体健康安全。

2. 判定细菌在食品中繁殖的动态

依据菌落总数的动态变化，可对被检样品进行食品保质期的预测。例如，细菌不易生长繁殖的冷冻食品和干制食品，它们所含细菌的多少就可以表明其在生产、运输、储存和销售等各个环节中卫生管理的基本状况是否符合要求。

三、菌落总数测定的基本原理

1. 菌落总数测定的原理

菌落总数的测定是根据微生物在固体培养基上所生产的菌落的生理及培养特征进行的。测定时，首先将待测定样品制成均匀的、一系列不同稀释度的稀释液，并尽量使样品中的微生物细胞分散，呈单个细胞状态存在，再取一定稀释倍数的稀释液接种到培养基上，使其均匀分布。菌落由细菌细胞生长繁殖而成，因此统计菌落的数目，可计算出被检样品中的含菌数。

2. 菌落总数测定的流程

根据菌落总数测定的原理，国家标准推荐用平皿计数法（检测流程见图 4—1—3）对被检样品进行菌落总数的检测。

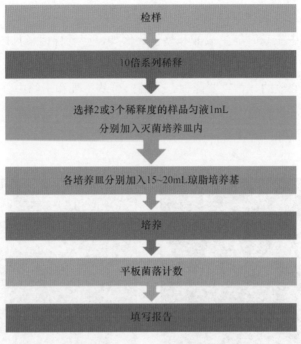

图 4—1—3　菌落总数检测流程

四、乳制品中的细菌

乳制品中的细菌在室温或室温以上温度会大量繁殖,根据其对牛乳所产生的影响可分为以下几类:

1. 产酸菌

主要为乳酸菌,指能分解乳糖产生乳酸的细菌。在乳和乳制品中主要有乳球菌科和乳杆菌科,包括链球菌属、明串珠菌属和乳杆菌属(见图4—1—4)。

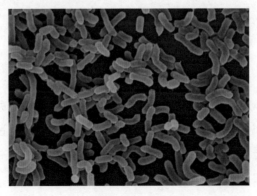

图 4—1—4　干酪乳杆菌

2. 产气菌

这类菌在牛乳中生长时能生成酸和气体。例如，产气杆菌（见图4—1—5）和大肠杆菌（见图4—1—6）是常出现于牛乳中的产气菌。产气杆菌能在低温下增殖，是低温储藏时能导致牛乳酸败的一种重要菌种。另外，可从牛乳和干酪中分离得到费氏丙酸杆菌和谢氏丙酸杆菌，生长温度范围为15～40 ℃。在利用丙酸菌生产干酪时，可使产品产生气孔和特有的风味。

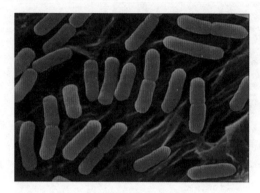
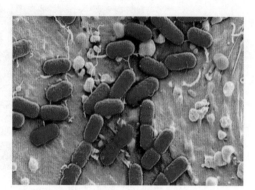

图4—1—5 产气杆菌   图4—1—6 大肠杆菌

3. 肠道杆菌

肠道杆菌是一群寄生在肠道内的革兰氏阴性短杆菌，在乳品生产中是评定乳制品污染程度的指标之一。其中主要有大肠菌群和沙门氏菌族。

4. 芽孢杆菌

该菌能形成耐热性芽孢，故杀菌处理后，仍会残存在乳中。可分为好气性杆菌属和嫌气性梭状菌属两种。

5. 球菌类

一般为好气性，能产生色素。牛乳中常出现的有微球菌属（见图4—1—7）和葡萄球菌属。

6. 低温菌

7 ℃以下能生长繁殖的细菌称为低温菌，在 -20 ℃以下能繁殖的细菌称为嗜冷菌。乳品中常见的低温菌属有假单胞菌属（见图4—1—8）和醋酸杆菌属，这些菌在低温下生长良好，能使乳中蛋白质分解引起牛乳胨化，并会分解脂肪使牛乳产生哈喇味，使乳制品腐败变质。

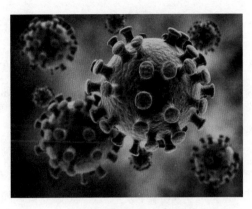

图4—1—7　微球菌属

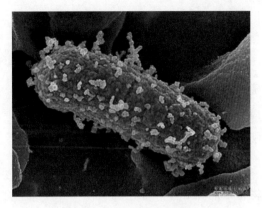

图4—1—8　假单胞菌属

7. 高温菌和耐热性细菌

高温菌和耐热性细菌是指在 40 ℃以上条件下能正常发育的菌群。如乳酸菌中的嗜热链球菌、保加利亚乳杆菌、好气性芽孢菌（如嗜热脂肪芽孢杆菌）和放线菌等。特别是嗜热脂肪芽孢杆菌，比较适宜的发育温度为 60 ～ 70 ℃。耐热性细菌在生产上系指低温杀菌条件下还能生存的细菌（135 ℃，数秒），上述细菌及其芽孢都能在低温杀菌条件下被杀死，不属于耐热性细菌。

8. 蛋白分解菌和脂肪分解菌

（1）蛋白分解菌：蛋白分解菌是指能产生蛋白酶从而将蛋白质分解的菌群。生产发酵乳制品时使用的大部分乳酸菌都能使乳中蛋白质分解，属于有用菌。也有属于腐败性的蛋白分解菌，能将蛋白质分解出氨和胺，可使牛乳产生黏性、碱性和陈化。

（2）脂肪分解菌：脂肪分解菌系指能将甘油酯分解生成甘油和脂肪酸的菌群。脂肪分解菌中，除一部分在干酪生产方面有用外，一般都是使牛乳和乳制品变质的细菌，尤其对稀奶油和奶油的危害更大。主要的脂肪分解（包括酵母、霉菌）有荧光极毛杆菌、蛇蛋果假单胞菌、无色解脂菌、解脂小球菌、干酪乳杆菌、白地霉、黑曲霉、大毛霉等。大多数解脂酶有耐热性，且在 0 ℃以下也具有活力。因此，如有脂肪分解菌存在，即使经过冷却或加热杀菌，牛乳也常常带有脂肪分解味。

9. 放线菌

放线菌中与乳品有关的有分枝杆菌属、放线菌属、链霉菌属。分枝杆菌属是抗酸性的杆菌，无运动性，多数具有病原性。例如，结核分枝杆菌形成的毒素有耐热性，对人体有害。放线菌属中与乳品有关的主要有牛型放线菌，此菌生长在牛的口腔和乳房，有一定概率转入牛乳中。链霉菌属中与乳品有关的主要是干酪链霉菌，属陈化菌，能使蛋白质分解导致乳品腐败变质。

五、菌落总数的快速检验方法

目前，菌落总数检测采用的均是国家标准推荐的平皿计数法，这种方法检验结果准确可靠，但操作烦琐、工作量较大且耗时较长。近几年随着科学进步，菌落总数的快速检测技术也发展起来。

1. 纸片快速检测法

纸片快速检测法是指以纸片、纸膜或胶片等作为培养基载体（见图 4—1—9），将特定的培养基和显色物质附着在上面，通过微生物在上面的生长、显色来测定食品中微生物的方法。使用时把 1 mL 待测液加于纸片上，压平后置于 37 ℃培养箱中培养 16 ～ 18 h，即可计数。

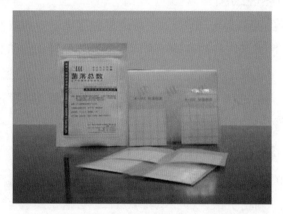

图 4—1—9　菌落总数快速检测纸片

2.ATP 生物发光法

ATP 即三磷酸腺苷，是广泛存在于生物体内的一种能量物质。检测 ATP 含量的一种方法是用荧光光度计法，生物发光是活细胞在荧光素酶催化下发出的荧光，目前使用的荧光素酶来源于北美的萤火虫，相对分子质量为 62 000 的蛋白质。

萤火虫荧光素酶简称为虫光素酶，是一种能将化学能转变为光能的活性蛋白质，即生物催化剂。ATP 在虫光素酶的催化作用下，与荧光素在有氧环境及二价镁离子作用下，反应释放出荧光。在荧光素及虫光素酶过量的情况下，释放的荧光与 ATP 在一定范围内成线性关系，因此可以通过测量荧光光强来检测样品中的 ATP，进而检测其中的细菌总数，检测仪器如图 4—1—10 所示。

3. 阻抗法

阻抗法是通过测量微生物代谢引起的培养基电特性变化来测定样品中微生物含量的一种快速检测方法。在培养过程中，微生物的新陈代谢作用可使培养基中电惰性的大分子底物，代谢为电活性的小分子产物。

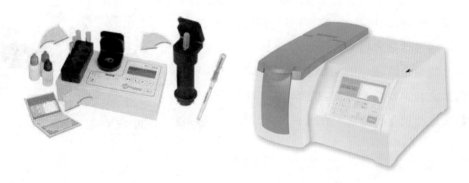

图4—1—10　食品细菌快速检测仪

供细菌生长的液体培养基是电的良导体，在特制的测量管底部装入电极插头，即可对接种生长的培养基的阻抗变化进行检测。阻抗变化的产生是由于微生物生长过程中的新陈代谢使培养基中的大分子营养物质（糖、脂类、蛋白质等）被分解成小分子代谢物，即较小的带电离子（乳酸盐、醋酸盐、重碳酸或氨等）。这些代谢产物的出现和聚集，增强了培养基的导电性能，从而降低了其阻抗值。

4. 旋转平皿法

旋转平皿法是将已经倒好的琼脂平皿置于仪器中，并按照一定的速度旋转，然后将稀释后的检验悬液通过螺旋平皿注入器连续不断地注入旋转的琼脂表面，移液头在仪器控制下从中心向外按固定体积喷出稀释液，从而在平皿表面形成阿基米德螺旋形轨迹（见图4—1—11）。

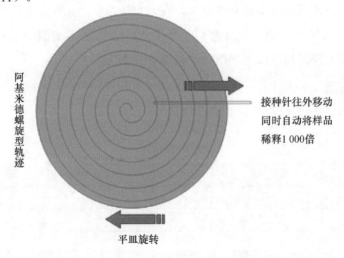

阿基米德螺旋型轨迹

接种针往外移动
同时自动将样品
稀释1 000倍

平皿旋转

图4—1—11　旋转平皿法原理图

空心针从中心移向外侧时，稀释液量减少，注入体积和平皿半径存在着指数关系，培养时菌落沿注入线生长。培养过程利用DWS螺旋平皿接种仪进行接种。培养后，通过计数方格来校准琼脂表面不同区域的样品量，计数每个区域中的菌落总数，然后折算成样品中的菌落总数，最后换算出细菌浓度，也常用自动菌落计数仪进行菌落计数（见图4—1—12），这样可以大大提高工作效率。

图4—1—12　自动菌落计数仪

六、乳与乳制品细菌总数采样方案

1. 类型

采样方案分为二级采样方案和三级采样方案。二级采样方案设有 n、c 和 m 值，三级采样方案设有 n、c、m 和 M 值。

n：同一批次产品应采集的样品件数；

c：最大可允许超出 m 值的样品数；

m：微生物指标可接受水平的限量值；

M：微生物指标的最高安全限量值。

注1：按照二级采样方案设定的指标，在 n 个样品中，允许有 $\leqslant c$ 个样品其相应微生物指标检验值大于 m 值。

注2：按照三级采样方案设定的指标，在 n 个样品中，允许全部样品中相应微生物指标检验值小于或等于 m 值；允许有 $\leqslant c$ 个样品其相应微生物指标检验值在 m 值和 M 值之间；不允许有样品相应微生物指标检验值大于 M 值。

2. 采样方案

菌落总数限量应符合微生物限量表的规定，见表4—1—1。

表4—1—1　　　　　　　　　　微生物限量表

项目	采样方案及限量（若非制定，均以CFU/g表示）			
	n	c	m	M
菌落总数	5	2	10^4	10^5

例如：$n=5$，$c=2$，$m=100\text{CFU/g}$，$M=1000\text{CFU/g}$。含义是从一批产品中采集5个样品，若5个样品的检验结果均小于或等于 m 值（$\leqslant 100$ CFU/g），则这种情况是允许的；若 $\leqslant 2$ 个样品的结果（X）位于 m 值和 M 值之间（$100\text{CFU/g} < X \leqslant 1000\text{CFU/g}$），则这

种情况也是允许的；若有 3 个及以上样品的检验结果位于 m 值和 M 值之间，则这种情况是不允许的；若有任一样品的检验结果大于 M 值（> 1000CFU/g），则这种情况也是不允许的。

【任务实施】

一、准备工作

1. 设备与材料

图示		名称及规格
	仪器与设备	（1）恒温培养箱：（36±1）℃，（30±1）℃ （2）冰箱：2～5℃ （3）恒温水浴箱：（46±1）℃ （4）天平：感量为 0.1 g （5）均质器、振荡器 （6）酒精灯、试管架、研钵、灭菌刀和剪刀、灭菌镊子 （7）无菌吸管：1 mL（具 0.01 mL 刻度）、10 mL（具 0.1 mL 刻度）或微量移液器及吸头 （8）无菌锥形瓶：容量 250 mL、500 mL （9）无菌平皿：直径 90mm
	材料	牛乳、精密 pH 试纸、放大镜或菌落计数器、酒精棉球、记号笔、均质袋

2. 培养基和试剂

图示		名称及规格
	培养基	平皿计数琼脂培养基

续表

图示	名称及规格
试剂	（1）10 mL 无菌生理盐水管 （2）225 mL 无菌生理盐水（0.9%）

二、检验步骤

1. 样品预处理

图示	操作步骤	说明
	（1）以无菌操作方法，将检样包装打开	一定按照规定将食品包装进行消毒，尤其是打开位置
	（2）用无菌吸管吸取25 mL 预处理样品置于225 mL 生理盐水罐内	（1）吸取样品时要尽量准确，利于样品均质液的制备 （2）吸取样品时，在快要到刻度线时应放慢动作，避免过量
	（3）以无菌操作，将均质杯中的预处理样品混合液充分摇匀，制成1∶10的样品匀液	（1）整个操作过程一定按照无菌操作流程进行 （2）混合样品要充分，以保样品均匀 （3）均质杯要盖好杯盖，避免有混合液溢出

2.10 倍稀释液的制备

图示	操作步骤	说明
	（1）在无菌生理盐水管上标记稀释倍数，并从每个稀释度分别吸取 1 mL 空白稀释液加入一个无菌平皿内作空白对照 （2）在平皿外圈标记操作时间、操作人及稀释倍数，并标记空白	（1）稀释液空白对照只针对同一浓度的稀释液，每次做一个空白对照平皿 （2）向平皿中加入稀释液要在无菌环境下进行
	（3）以无菌操作方法，用 1 mL 无菌吸管吸取均质杯中 1∶10 样品匀液 1 mL，沿管壁缓慢注于盛有 9 mL 稀释液的无菌试管中	（1）吸管或吸管尖端不要触及均质杯杯口、外侧及试管口的外侧，这些部分都有可能触碰过手或其他物品 （2）吸入液体时，应先高于吸管刻度，然后提起吸管尖端离开液面，将尖端贴于内壁使吸管内液体调至所需刻度，这样取样较为准确 （3）吸管插入无菌稀释液内不能少于 2.5 cm
	（4）振摇试管，无菌操作，换用 1 支无菌吸管反复吹打样品匀液使其混合均匀，制成 1∶100 的样品匀液	（1）吸管不要触碰试管口外壁，避免污染 （2）吹打过程应迅速且充分
	（5）按上述操作程序，以此类推，连续稀释、制备 10 倍系列稀释样品匀液（例如，10^{-2}、10^{-3}、10^{-4} 倍稀释液）	（1）将检样匀液加入 9 mL 空白稀释液试管内时，应小心沿壁加入，不要触及管内稀释液，以防止吸管尖端外侧黏附的检液混入其中 （2）每递增稀释一次，换用 1 支 1 mL 无菌吸管，避免干扰检测数据

3. 将样品匀液加入灭菌平皿

图示	操作步骤	说明
	（1）选择2～3个适宜稀释度的样品匀液，进行样品匀液的加入	将样品匀液加入到灭菌培养基的操作须在无菌环境中进行
	（2）以无菌操作，在进行10倍递增稀释后，按稀释倍数吸取1 mL样品匀液加入无菌平皿内，每个稀释度做两个平行平皿	（1）操作要迅速，以保证在20 min内完成多个稀释度样品匀液的加入 （2）在检样加入平皿后，应在20 min内倾注培养基，这样可防止细菌增值和片状菌落的产生

4. 倒入培养基

图示	操作步骤	说明
	将15～20 mL冷却至46 ℃的平皿计数琼脂培养基[可放置于（46±1）℃恒温水浴箱中保温]倾注到平皿中，转动平皿使其与稀释液混合均匀	（1）在20 min内加完所有样品匀液，开始倾倒培养基，避免产生片状菌落 （2）加入混合培养基时，可将皿底在平面上先前后左右摇动，再按顺时针和逆时针方向旋转，以使其混匀 （3）混合过程中要小心，避免培养基溅到平皿周边及上方，造成外溢

5.培养

图示	操作步骤	说明
	待琼脂凝固后，将平皿翻转，（36±1）℃培养（24±2）h	（1）平皿内琼脂凝固后，在数分钟内即应将平皿翻转进行培养，这样可避免菌落蔓延生长 （2）水产品（30±1）℃培养（72±3）h

6.菌落计数

图示	操作步骤	说明
	按照国家标准GB 4789.2—2016中方法进行菌落计数	（1）对菌落进行计数时可用肉眼观察，必要时借用放大镜或菌落计数器，以防遗漏 （2）同时记录稀释倍数和菌落数量（CFU）

三、菌落计数的结果与报告

1.计数平皿的选择（见表4—1—2）

表4—1—2　　　　　　　　　　不同情况的菌落计数方法

（1）选取菌落数在30～300CFU且无蔓延生长的平皿计数菌落总数	低于30CFU作为该稀释度菌落数，高于300CFU记录为"多不可计"。每个稀释度应采用两个平皿的平均数
（2）若平皿上有较大片状菌落生长	不宜采用，不对该平皿进行计数
（3）若片状菌落补足该平皿一半	应计数其余一半的菌落数再乘以2，作为该平皿的菌落数
（4）当平皿出现链状生长菌落时	将每条单链作为一个菌落计数计入菌落总数中

2. 平皿稀释度的选择

图示	不同情况的菌落计数方法
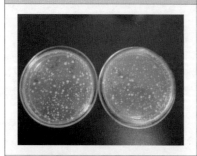	（1）只有一个稀释度平皿上的菌落数在30～300CFU范围内：计算两个平皿菌数的平均值，再将平均值乘以相应稀释倍数，作为每g（mL）样品中菌落总数的结果，见表4—1—3例1
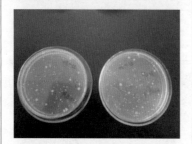 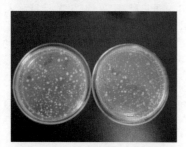	（2）有两个连续稀释度的平皿菌落数在适宜计数范围内：按下式计算，见表4—1—3例2 $$N=\frac{\sum C}{(n_1+0.1n_2)d}$$ 式中　N——样品中菌落数； $\sum C$——平皿（含适宜范围菌落数的平皿）菌落数之和 n_1——第一稀释度（低稀释倍数）平皿个数 n_2——第二稀释度（高稀释倍数）平皿个数 d——稀释因子（第一稀释度）
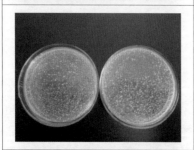	（3）所有稀释度的平皿上菌落数均大于300CFU：则对稀释度最高的平皿进行计数，其他平皿可记录为"多不可计"，结果按平均菌落数乘以最高稀释倍数计算，见表4—1—3例3
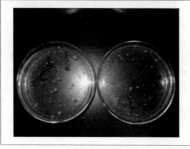	（4）所有稀释度的平皿菌落数均小于30 CFU：应按稀释度最低的平均菌落数乘以稀释倍数计算，见表4—1—3例4

续表

图示	不同情况的菌落计数方法
	（5）所有稀释度（包括液体样品原液）平皿均无菌落生长：以小于1乘以最低稀释倍数计算，见表4—1—3例5
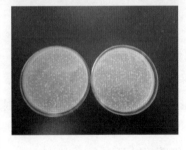	（6）所有稀释度的平皿菌落数均不在30～300CFU范围内，其中一部分小于30CFU或大于300CFU：以最接近30CFU或300CFU的平均菌落数乘以稀释倍数计算，见表4—1—3例6

不同稀释度的选择及菌落报告方式见表4—1—3。

表4—1—3　　　　　　　　　不同稀释度的选择及菌落报告方式

例子	稀释液及菌落数			菌落总数	报告方式
	10^{-1}	10^{-2}	10^{-3}		
1	多不可计	234	14	23400	23000 或 2.3×10^4
2	多不可计	232、244	33，35	24727	25000 或 2.5×10^4
3	多不可计	多不可计	337	33700	340000 或 3.4×10^5
4	29	13	5	290	290 或 2.9×10^2
5	0	0	0	＜10	＜10
6	多不可计	310	13	31000	31000 或 3.1×10^4

四、菌落总数的原始记录与报告（见表4—1—4）

表4—1—4　　　　　　　　　菌落总数检测原始数据记录表

样品名称			检验日期			检验员	
室温			湿度			培养时间	
样品编号	执行标准	标准要求	试验数据			结果	结论
					空白		
测定步骤			计算公式			备注	

报告说明：

（1）菌落数小于100CFU时，按"四舍五入"原则修约，以整数报告。

（2）菌落数大于或等于100CFU时，第3位数字采用"四舍五入"原则修约后，取前2位数字，后面用0代替位数；也可用10的指数形式来表示，按"四舍五入"原则修约后，采用两位有效数字。

（3）若所有平皿上的为蔓延菌落而无法计数，则报告菌落蔓延。

（4）若空白对照上有菌落生长，则此次检测结果无效。

（5）称重取样以CFU/g为单位报告，体积取样以CFU/mL为单位报告。

【考核评价】

素质	内容		评价项目	评价		
	学习目标			个人评价（20%）	小组评价（30%）	教师评价（50%）
知识能力（20分）	应知		1.知道菌落总数的定义和生物学意义 2.掌握菌落总数的卫生学意义			

续表

素质	内容		评价		
	学习目标	评价项目	个人评价（20%）	小组评价（30%）	教师评价（50%）
专业能力（60分）	试剂配置及仪器准备（10分）	1.仪器准备齐全并摆放整齐 2.培养基配制正确 3.生理盐水的准备			
	样品的处理（25分）	1.吸取样品匀液动作规范 2.振摇试管操作正确 3.随着稀释倍数的改变更换吸量管 4.制备过程在无菌条件下进行			
	样品的测定（20分）	1.能按照国家标准要求对牛乳进行检验 2.能熟练进行微生物检验，操作规范、熟练 3.能对检验结果进行初步分析 4.结果记录真实，字迹工整，报告规范			
	遵守安全、卫生要求（5分）	1.遵守实验室安全规范 2.遵守实验室卫生规范			
通用能力（10分）	语言能力（2分）	1.准确阐述自己的观点 2.专业术语表达准确			
	合作能力（3分）	1.能与同学配合共同完成工作 2.具有组织和协调能力			
	发现、分析和解决问题能力（3分）	1.善于发现实验过程中的问题 2.自主分析和解决实验中的问题			
	创新能力（2分）	1.善于总结工作经验 2.善于体验新的检验方法			
态度（10分）	认真、细致、勤劳	整个实验过程认真、仔细、勤劳			
小计					
总分					

【思考与练习】

一、思考题

1. 简述菌落总数的基本概念及原理。

2. 简述菌落总数的测定方法。

3. 思考营养琼脂培养基的温度要保持在（46±1）℃的原因。

4. 在制备 10 倍样品稀释液的过程中应注意什么？

5. 为使平皿菌落计数准确需要掌握哪几个关键步骤？请说明理由。

二、实训题：乳粉中菌落总数的检验

提示：

1. 将检样以无菌操作开启包装。塑料或纸盒（袋）装，用 75% 酒精棉球消毒盒盖或袋口，用灭菌剪刀剪开；如果是玻璃瓶装，以无菌操作去掉瓶口的纸罩或瓶盖，瓶口经火焰消毒。称取检样 25 g，放入预热到 45 ℃且装有 225 mL 灭菌生理盐水的锥形瓶内，振摇均匀 1 ~ 3 min，使样品充分散开，分散过程温度不应超过 40 ℃。

2. 参照《食品微生物学检验 乳与乳制品检验》（GB 4789.18—2010）进行乳粉菌落总数的检验。

任务 2 炼乳中大肠菌群的检验

>>> 【学习目标】

1. 掌握大肠菌群的定义及大肠菌群检验的卫生学意义。

2. 掌握大肠菌群测定的基本原理和基本操作流程。

3. 能正确进行大肠菌落测定的采样。

4. 能熟练掌握大肠菌群检验的相关操作。

5. 能正确对大肠菌群进行限量判定。

【任务引入】

近年来，中国乳制品的消费量呈现逐年上升的趋势，目前已成为全球液态奶消费第

二大国家。但是，因为原料乳和乳制品中都含有丰富的蛋白质、脂肪等营养物质，所以在乳及乳制品的生产、运输和销售的过程中很容易受到大肠菌群的污染，从而严重影响到消费者的自身健康状况，这样的负面新闻报道屡见不鲜了。鉴于这种情况，作为一名检验人员，应熟练掌握乳及乳制品中大肠菌群的检验方法。大肠菌群是评价乳及乳制品食品卫生质量的重要指标之一，大肠菌群数的高低，表明了其受粪便污染的程度，以及受肠道致病菌污染的可能性大小。本任务以炼乳为检样，对其进行大肠菌群检验。

【任务分析】

乳及乳制品中出现大肠菌群超标，最常见的原因有两个：一是生产、运输和销售环境的卫生状况不佳，二是操作人员不注意个人卫生。大肠菌群的检验方法有中华人民共和国国家标准（GB）、出入境检验检疫行业标准（SN）及美国分析化学家协会（AOAC）官方方法等多个国内、国际通用方法。我国现行的乳制品大肠菌群测定方法均参照《食品微生物学检验 大肠埃希化菌 O157：H7/NM 检验》（GB 4789.36—2016）中第二法平皿计数法、《食品微生物学检验　乳与乳制品检验》（GB 4789.18—2010）进行牛奶大肠菌群的检验，同时参照《食品微生物学检验 总则》（GB 4789.1—2016）进行采样。

【相关知识】

一、大肠菌群的概念

大肠菌群系指一群在 37 ℃条件下培养 48 h，能分解乳糖产酸产气，需氧和兼性厌氧的革兰氏阴性无芽孢杆菌。

二、大肠菌群检验的卫生学意义

大肠菌群并非细菌学分类命名，而是卫生细菌领域的用语，它不代表某一个或某一属细菌，而指的是具有某些特性的一组与粪便污染有关的细菌，这些细菌在生化及血清学方面并非完全一致。大肠菌群主要包括肠杆菌科中的埃希氏菌属、柠檬酸细菌属、克雷伯氏菌属和肠杆菌属，其中以埃希氏菌属为主，埃希氏菌属也被俗称为大肠杆菌。

早在 1885 年，Eschorich 就证实了大肠杆菌是温血动物肠道中的主要细菌，这就为后来以大肠菌群作为粪便污染指标奠定了理论基础。因大肠菌群都是直接或间接地来自于人和温血动物的粪便，所以可将其作为粪便污染指标评价食品的卫生状况，进而推断食品被肠道致病菌污染的可能。食品中大肠菌群数的高低，表明了粪便污染的程度，也反映了对人体健康危害性的大小。食用了大肠菌群超标的食品后，人体容易患痢疾等肠道疾病，出现腹泻、呕吐等症状，严重的可能会造成中毒性细菌感染。

三、大肠菌群的检验

食品中大肠菌群的检验方法可分为传统方法和快速方法。乳与乳制品中大肠菌群的检验使用传统方法的平皿计数法。

1. 平皿计数法基本原理

大肠菌群在固体培养基中使乳糖发酵产酸，在指示剂的作用下形成可计数的红色或紫红色菌落，带有或不带有红色的胆盐沉淀环。通过计数结晶紫中性红胆盐琼脂（VRBA）平皿上的红色或紫红色，带有或不带有红色的胆盐沉淀环的菌落，即可检测出大肠菌群在待检样品中的数量。

2. 检验流程

大肠菌群平皿计数法的检验程序如图 4—2—1 所示。

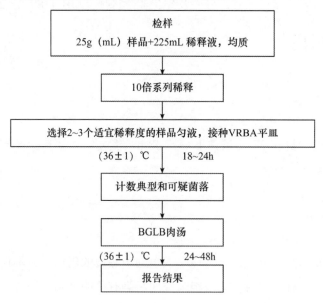

图 4—2—1　大肠菌群平皿计数法的检验程序

四、大肠菌群的快速检验方法

快速方法一般使用测试片（见图 4—2—2），可以采用 Easy Test™ 微生物测试片或者 3M Petrifilm™ 测试片等。Easy Test™ 微生物测试片是一种将脱水培养基附着于无纺布棉垫上的快速检测技术。通过微生物特有的酶与培养基中的底物进行特异性的结合，从而使生长的菌落呈现不同的颜色，通过计数相应颜色的菌落即可检测出食品中微生物的含量。使用时掀开上层透明膜，把 1 mL 待测液加于纤维垫上，待样液完全吸收，缓缓将透明膜盖回，于（36±1）℃培养箱中培养（24±1）h，即可计数。

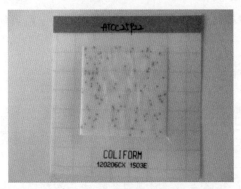

图 4—2—2　大肠菌群快速检测纸片

五、奶粉中的微生物及其检验

奶粉是以鲜乳为原料，经消毒、浓缩、喷雾干燥而制成的粉状产品。

奶粉可分为全脂奶粉、脱脂奶粉、加糖奶粉和调制奶粉等。在奶粉制作过程中，绝大多数微生物会被清除或杀死，因为奶粉含水量低（一般为3%～5%，喷雾干燥奶粉的水分含量为2%～3%），不利于微生物存活，故经密封包装后细菌不会繁殖。因此，奶粉中含菌量不高，也不会有病原菌存在。

如果原料乳污染较为严重或者加工不规范，奶粉中含菌量就会很高，甚至会有病原菌出现。

1. 奶粉中的微生物来源与类型

奶粉中的细菌主要来源于以下几方面：

（1）奶粉在浓缩干燥过程中，外界温度高达150～200 ℃，但奶粉颗粒内部温度只有60 ℃左右，其中会残留一部分耐热菌。

（2）喷粉塔用后清扫不彻底，塔内残留的奶粉吸潮后会有细菌生长繁殖，成为污染源。

（3）奶粉在包装过程中接触的容器、包装材料等可造成二次污染。

（4）原料乳污染严重是奶粉中含菌量高的主要原因：奶粉中污染的细菌主要有耐热的芽胞杆菌、微球菌、链球菌和棒状杆菌等。奶粉中还可能有病原菌存在，最常见的是沙门氏菌和金黄色葡萄球菌。

2. 奶粉中的微生物检验

（1）样品的取样

产品按批号取样检验，取样量为千分之一（不足千件抽 1 件），尾数超过 500 件者多抽一件，每个样品为 200 g。

（2）奶粉按需要进行细菌总数、大肠菌群 MPN 测定及致病菌的检验。

六、酸乳制品中的微生物及其检验

酸乳制品是鲜乳制品经过乳酸菌类发酵而制成的产品，如普通酸乳、嗜酸菌乳、保加利亚酸乳、强化酸乳、加热酸乳、果味酸牛奶、酸乳酒及马乳酒等都是营养丰富的饮料，其中含有大量的乳酸菌、活性乳酸及其他营养成分。

酸乳饮料能刺激胃肠分泌活动，增强胃肠蠕动，调整胃肠道酸碱平衡，抑制肠道内腐败菌群的生长繁殖，维持胃肠道正常微生物区系的稳定，预防和治疗胃肠疾病，减少和防止组织中毒，是上好的保健饮料。

1. 普通酸乳制品的微生物及其作用

（1）普通酸乳制品一般用保加利亚乳酸杆菌（见图 4—2—3）和嗜热脂肪链球菌（见图 4—2—4）作为发酵剂。这两种乳酸菌在乳中生长时保持共生关系。

保加利亚乳酸杆菌在发酵过程中对蛋白质有一定的降解作用，产生的缬氨酸、甘氨酸和组氨酸等会刺激嗜热脂肪链球菌的生长；而嗜热脂肪链球菌在生长过程中产生的甲酸，可被保加利亚乳酸杆菌所利用。这两株菌同时存在时，生长速度明显加快，乳的凝固时间也比使用单一菌株时大大缩短。40 ～ 45 ℃时，两株菌混合使用，乳凝固时间为 2 ～ 3 h，而使用单一菌株则需数小时或更长时间。

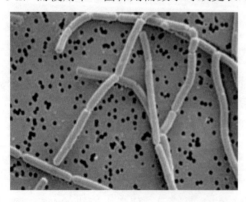

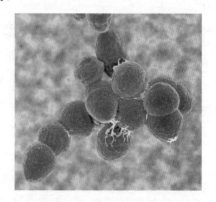

图 4—2—3　保加利亚乳酸杆菌　　　　图 4—2—4　嗜热脂肪链球菌

（2）普通酸乳中含有大约 1% 的乳酸，不适于病原菌的生存。如沙门氏菌和大肠菌类均被抑制。

（3）乳酸菌还能产生抗菌物质，起到净化酸乳的作用。不过，如果鲜乳在加热前受到葡萄球菌污染，且乳在20 ℃常温下储存，葡萄球菌可在乳中生长繁殖并产生毒素，在制作酸奶加热消毒的过程中，葡萄球菌被杀死，但毒素会留在乳中，并于乳发酵成熟过程中稳定存在，从而引起食物中毒。

2. 嗜酸菌乳

嗜酸菌乳是利用嗜酸乳杆菌发酵乳而制成的乳制品。嗜酸乳杆菌可在人和动物的胃肠道内定居，并能产生嗜酸菌素等多种抗菌物质，抑制有害菌类，维持肠道内微生物区系的平衡。人们常用嗜酸菌乳来治疗消化道疾患。但这种酸乳有酸涩味，为了改变口感，近年来有人研制了甜嗜酸菌乳，其效果和口感都很好。

3. 酸乳酒

酸乳酒（见图4—2—5）的制作成熟过程包括酒精发酵和乳酸发酵两个阶段。发酵剂主要为开菲尔酵母、高加索乳酸菌、明串球菌及乳链球菌等。发酵剂中的酵母将乳中的乳糖分解转化成酒精，乳酸菌进行发酵产生乳酸和芳香物质。酸乳酒的乳酸含量为0.9%～1.1%，酒精含量为0.5%～1%。

图4—2—5　酸乳酒

4. 果味酸牛奶

果味酸牛奶是在普通酸牛奶的原料中，加入2%脱脂奶粉、10%食糖，以及规定量的食用色素等。灭菌后，除加入3%～5%基础果汁外，还添加5%天然果汁，再加香料、硬化剂、色素及2.5%左右发酵剂，使其发酵。发酵剂主要是保加利亚乳酸杆菌。有的细菌能使色素还原，故添加色素稍多些。

5. 马乳酒

马乳酒是用马乳制作的酸乳酒。发酵剂中的微生物区系是保加利亚乳酸杆菌和霍尔姆球拟酵母。制好的马乳酒具有酸味、酒味，并有大量泡沫，凝固而不坚实，呈灰白色。

检验酸乳时，样品的采取应按生产班次分批，连续生产不能分班次者，则按生产日期分批。按批取样，每批样品按千分之一采样，每个样品为 1 瓶，尾数超过 500 则增加一个样品。样品以无菌操作稀释后，按需要进行大肠菌群 MPN 测定、致病菌的检验等。

七、干酪中的微生物及其检验

干酪是用皱胃酶或胃蛋白酶将原料乳凝集，再将凝块进行加工、成型和发酵成熟而制成的一种营养价值高、易消化的乳制品。在生产干酪时，由于原料乳品质不良、消化不彻底或加工方法不当等原因，往往会使干酪污染各种微生物而引起变质。干酪常见的变质现象有：

1. 膨胀

这是由于大肠菌类等有害微生物发酵乳糖产酸产气而使干酪膨胀，并常伴有不良味道和气味。干酪成熟初期发生的膨胀现象，常常是由大肠杆菌之类的微生物引起的。如干酪在成熟后期发生膨胀，多半是由于某些酵母菌和丁酸菌引起，并伴有显著的丁酸味和油腻味。

2. 腐败

当干酪盐分不足时腐败菌即可生长，使干酪表面湿润发黏，甚至整块干酪变成黏液状，并有腐败气味。图 4—2—6 所示为已腐败的奶酪。

图 4—2—6 已腐败的奶酪

3. 苦味

苦味酵母、液化链球菌及乳房链球菌等微生物强力分解蛋白质后，干酪会产生不快的苦味。

4. 色斑

干酪表面出现铁锈样的红色斑点，可能是由植物乳杆菌红色变种或短乳杆菌红色变种所引起。黑斑干酪（见图4—2—7）和蓝纹干酪（见图4—2—8）也是由某些细菌和霉菌所引起的。

图4—2—7　黑斑干酪　　　　　　　　　　图4—2—8　蓝纹干酪

5. 发霉

干酪容易污染霉菌而引起发霉，导致干酪表面颜色发生变化，产生霉味，还可能产生霉菌毒素，图4—2—9所示为发霉后的干酪。

图4—2—9　发霉后的干酪

6. 致病菌

乳干酪在制作过程中如果受葡萄球菌污染严重，就会产生肠毒素，这种毒素在干酪中能长期存在，食后会引起食物中毒。

进行干酪的微生物检验前，先用无菌刀削去检样表面部分封腊，以点燃的酒精消毒，无菌操作取 25 g 检样，置于灭菌的研钵内切碎。从 225 mL 的无菌生理盐水中取出少许加入研钵中，将奶酪研磨成糊状，再放入灭菌三角瓶内，制成 1：10 的均匀稀释液，进行相关检验。

八、乳与乳制品中大肠菌落的采样方案

1. 类型

采样方案分为二级采样方案和三级采样方案。二级采样方案设有 n、c 和 m 值，三级采样方案设有 n、c、m 和 M 值。

n：同一批次产品应采集的样品件数；

c：最大可允许超出 m 值的样品数；

m：微生物指标可接受水平的限量值；

M：微生物指标的最高安全限量值。

注 1：按照二级采样方案设定的指标，在 n 个样品中，允许有 $\leq c$ 个样品其相应微生物指标检验值大于 m 值。

注 2：按照三级采样方案设定的指标，在 n 个样品中，允许全部样品中相应微生物指标检验值小于或等于 m 值；允许有 $\leq c$ 个样品其相应微生物指标检验值在 m 值和 M 值之间；不允许有样品相应微生物指标检验值大于 M 值。

2. 采样方案

大肠菌落限量应符合微生物限量表的规定，见表 4—2—1。

表 4—2—1　　　　　　　　　　微生物限量表

项目	采样方案及限量（若非制定，均以 CFU/g 表示）			
	n	c	m	M
大肠菌群	5	2	10	10^2

例如，$n=5$，$c=2$，$m=100CFU/g$，$M=1000CFU/g$。含义是从一批产品中采集 5 个样品，若 5 个样品的检验结果均小于或等于 m 值（$\leq 100CFU/g$），则这种情况是允许的；若 ≤ 2 个样品的结果（X）位于 m 值和 M 值之间（$100CFU/g < X \leq 1000CFU/g$），则这种情况也是允许的；若有 3 个及以上样品的检验结果位于 m 值和 M 值之间，则这种情况是不允许的；若有任一样品的检验结果大于 M 值（$> 1000CFU/g$），则这种情况也是不允许的。

【任务实施】

一、准备工作

1. 设备与材料

图示		名称及规格
	仪器与设备	（1）恒温培养箱：（36±1）℃ （2）冰箱：2～5 ℃ （3）天平：感量为 0.1 g （4）振荡器
	材料	（1）待检样品：炼乳 （2）无菌吸管：1 mL（具 0.01 mL 刻度）、10 mL（具 0.1 mL 刻度）或微量移液器及吸头 （3）无菌锥形瓶：容量 250 mL、500 mL （4）无菌试管：16 mm×160 mm （5）玻璃小倒管：长度约 20 mm （6）pH 计或 pH 比色管或精密 pH 试纸 （7）接种环

2. 培养基和试剂

图示		名称及规格
	培养基	（1）结晶紫中性红胆盐琼脂（VRBA） （2）煌绿乳糖胆盐肉汤（BGLB）
	试剂	（1）磷酸盐缓冲液（0.01M） （2）无菌生理盐水（0.85%）

二、检验步骤

1. 样品的处理

图示	操作步骤	说明
	（1）以无菌操作，称取 25 g 样品置于盛有 225 mL 生理盐水的无菌均质杯内，或放入盛有 225 mL 稀释液的无菌均质袋中	切勿用手触碰均质袋口或内侧，避免污染均质袋
	（2）用拍击式均质器拍打 1 ~ 2 min，制成 1∶10 的样品匀液	（1）拍打前一定要将均质袋中的空气排净，避免影响拍打效果 （2）拍打前要将均质袋放置在均质器较为中央的部位，保证拍打均匀

2. 样品的稀释

图示	操作步骤	说明
	（1）用 1 mL 无菌吸管或微量移液器吸取 1∶10 样品匀液 1 mL，沿管壁缓慢注入盛有 9 mL 稀释液的无菌试管中	（1）样品匀液的 pH 值应为 6.5 ~ 7.5，必要时分别用 1 mol/L NaOH 或 1 mol/L HCl 调节 pH 值 （2）吸管或吸头尖端不要触及稀释液液面

图示	操作步骤	说明
	（2）振摇试管或换用1支无菌吸管反复吹打使其混合均匀，制成1∶100的样品匀液	（1）每递增稀释一次，换用1次1 mL无菌吸管或吸头 （2）更换吸管避免干扰检测数据
	（3）按上述操作程序，依次制备10倍系列稀释样品匀液（例如 10^{-3}、10^{-4}、10^{-5}、10^{-6} 倍稀释液）	从制备样品匀液至样品接种完毕，全过程不得超过15 min

3. 平皿计数

图示	操作步骤	说明
	（1）选择3个适宜的连续稀释度的样品匀液，每个稀释度接种到2个无菌平皿内，每皿接种1 mL	加入样品要迅速，并且不要撒到平皿外
	（2）将15～20 mL冷却至46 ℃的结晶紫中性红胆盐琼脂（VRBA）倾注于每个平皿中，并小心旋转平皿	（1）在20 min内加完所有样品匀液，倾倒培养基，避免产生片状菌落 （2）加入混合培养基时，可将平皿底在平面上先前后左右摇动，再顺时针和逆时针方向旋转，以使其混匀 （3）加入琼脂的量不要过多

续表

图示	操作步骤	说明
	（3）待琼脂凝固后，再加入 3～4 mL VRBA 覆盖平皿表面，翻转平皿	混合过程中要小心，避免培养基溅到平皿周边及上方，造成外溢
	（4）置于（36±1）℃恒温培养箱中培养 18～24 h	平皿内琼脂凝固后，在数分钟内即应将平皿翻转进行培养，这样可避免菌落蔓延生长

4. 平皿菌落数的选择

图示	操作步骤	说明
	选取菌落数为 15～150 CFU 的平皿，分辨在计数平皿上出现的典型和可疑大肠菌群菌落	典型菌落为紫红色，菌落周围有红色的胆盐沉淀环，菌落直径为 0.5 mm

5. 证实试验

图示	操作步骤	说明
	（1）从 VRBA 平皿上选取 10 个不同类型的典型和可疑菌落，分别移种在 BGLB 肉汤管中，（36±1）℃培养 18～24 h，观察产气情况	
	（2）凡在 BGLB 肉汤管内产气者，即可报告为大肠菌群阳性	BGLB 肉汤管内未产气者，计为大肠菌群阴性

三、大肠菌群的检验报告

大肠菌群检验的原始数据记录表见表 4—2—2。

表 4—2—2　　　　　　　　大肠菌群检验的原始数据记录表

检验依据：　　　　　　检验时间：　　　　　　检验员：

样品编号	稀释度	项目：大肠菌群平皿计数法						
		VRBA 平皿（个）			BGLB 肉汤	大肠菌群 CFU/g 或 CFU/mL	样品限量	
		A	B	总数	产气（个）		大肠菌群 CFU/g 或 CFU/mL	判定

续表

样品编号	稀释度	VRBA 平皿（个）			BGLB 肉汤	大肠菌群 CFU/g 或 CFU/mL	样品限量	
		A	B	总数	产气（个）		大肠菌群 CFU/g 或 CFU/mL	判定
	项目：大肠菌群平皿计数法							
大肠菌群 CFU/g 或 CFU/mL					检测结果			
备注								

报告说明：

最后证实为大肠菌群阳性的试管比例乘以平皿菌落计数的平皿菌落数，再乘以稀释倍数，即为每 g（mL）样品中大肠菌群数。

例：10^{-4} 样品稀释液 1 mL，在 VRBA 平皿上有 100 个典型和可疑菌落，选取其中 10 个接种 BGLB 肉汤管，证实有 6 个阳性管，则该样品的大肠菌群数为：

$100 \times 6/10 \times 10^4$/g（mL）$=6.0 \times 10^5$ CFU/g（mL）

【技能拓展】大肠菌群的快速检验法（纸片法）

一、样品处理

操作步骤见大肠菌群检验。

二、接种

一般食品选取 2～3 个稀释度进行检验，含菌量少的液体样品（如饮用水和果汁等）可直接吸取原液进行检验。将大肠菌群测试片（ET002）置于平坦实验台面，揭开上层透明膜，用无菌吸管或移液枪取 1 mL 样液缓慢加到纤维垫上，如图 4—2—10 所示，静置 5 s 左右，待样液完全吸收，再缓缓将透明膜盖回。每个稀释度接种两片。同时做一片空白阴性对照。

图 4—2—10 大肠菌群快速检测纸片的接种

三、培养

将测试片透明面朝上水平置于恒温培养箱内，每叠测试片最多放置 30 个，（36±1）℃培养（24±1）h，观察结果。

四、结果

大肠菌群为蓝绿色菌落，计数菌落数。图 4—2—11 所示为沙拉样品在大肠菌群测

试片上的原始结果，应选择 10^{-2} 稀释度的测试片进行计数，报告沙拉中大肠菌群数为
4.0×10^3 CFU/g。

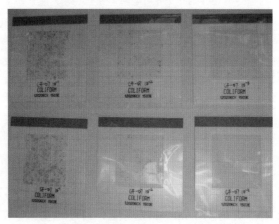

图 4—2—11　沙拉样品在大肠菌群快速测试纸片上的结果

【考核评价】

素质	内容		评价		
	学习目标	评价项目	个人评价（20%）	小组评价（30%）	教师评价（50%）
知识能力（20分）	应知	1.知道大肠菌群的定义及卫生学意义 2.掌握大肠菌群检验的基本原理和基本操作流程			
专业能力（60分）	试剂配置及仪器准备（10分）	1.试剂、培养基的配制准确 2.仪器的准备正确			
	样品的处理（20分）	1.样品的采集符合标准 2.样品的制备动作熟练 3.样品预处理符合要求			
	样品的测定（25分）	1.能按照国家标准要求对大肠菌群进行检验 2.能熟练进行微生物检验，操作规范、熟练 3.能对检验结果进行初步分析 4.结果记录真实，字迹工整，报告规范			
	遵守安全、卫生要求（5分）	1.遵守实验室安全规范 2.遵守实验室卫生规范			

续表

素质	内容		评价项目	评价		
	学习目标			个人评价（20%）	小组评价（30%）	教师评价（50%）
通用能力（10分）	语言能力（2分）		1. 准确阐述自己的观点 2. 专业术语表达准确			
	合作能力（3分）		1. 能与同学配合共同完成工作 2. 具有组织和协调能力			
	发现、分析和解决问题能力（3分）		1. 善于发现实验过程中的问题 2. 自主分析和解决实验中的问题			
	创新能力（2分）		1. 善于总结工作经验 2. 善于体验新的检验方法			
态度（10分）	认真、细致、勤劳		整个实验过程认真、仔细、勤劳			
小计						
总分						

【思考与练习】

1. 简述大肠菌群的基本概念。

2. 简述大肠菌群的测定方法。

3. 大肠菌群平皿计数法适合哪类样品？

4. 观察产气时应注意什么？

任务3　乳粉中霉菌和酵母菌的检验

>>> 【学习目标】

1. 掌握霉菌和酵母菌检验的定义和原理。

2. 掌握霉菌毒素的种类及对人体的毒害作用。

3. 能正确制备样品匀液。

4. 能正确对乳酸饮料进行霉菌和酵母菌的检验。

5. 能正确对霉菌和酵母菌计数和报告。

【任务引入】

2008 年 1 月，有很多家长反映孩子饮用美赞臣奶粉后会出现呕吐、腹泻症状，经上报有关部门，3 月厦门市疾病预防控制中心对奶粉进行了检测，该奶粉的霉菌和酵母菌含量远远超过国家标准。

酵母菌和霉菌广布于自然环境中。它们有时是食品正常菌相的一部分，但有时也作为腐败菌侵染食品，造成食品的腐败变质。因此，霉菌和酵母菌也常作为评价食品卫生质量的指标菌。由此可见，霉菌和酵母菌检验在食品卫生学上具有重要的意义，可作为判定食品被污染程度的标志，为被检样品进行卫生学评价时提供依据。本任务将以乳粉为例，完成乳粉中的霉菌和酵母菌检验。

【任务分析】

乳及乳制品中霉菌和酵母菌的检验方法参照《食品微生物学检验 霉菌和酵母计数》（GB 4789.15—2016）、《食品微生物学检验 乳与乳制品检验》（GB 4789.18—2010）进行。

【相关知识】

一、霉菌和酵母菌菌落总数的检测

1. 霉菌酵母菌菌落总数的定义

霉菌和酵母菌的测定是指食品检样经过处理，在一定条件下培养后，所得 1 g 或 1 mL 检样中所含的霉菌和酵母菌菌落数（粮食样品是指 1 g 粮食表面的霉菌总数）。霉菌和酵母菌检验方法的操作步骤与细菌菌落总数的测定相似，均采用平皿计数法。

2. 霉菌酵母菌菌落总数检验的原理

霉菌和酵母菌生长缓慢且竞争能力不强，食品中的霉菌、酵母菌在葡萄糖、蛋白胨营养丰富的条件下能良好生长，孟加拉红作为选择性抑菌剂可抑制细菌的生长，并可减缓某些霉菌因生长过快而导致菌落蔓延生长的现象，同时菌落着红色有利于计数，能够较好地将两种微生物进行分离。在孟加拉红培养基上生长的霉菌的特征是长菌丝，酵母菌的特征是表面呈现黏液状，如图4—3—1和图4—3—2所示。

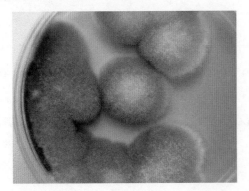

图4—3—1　孟加拉红培养基上生长的霉菌

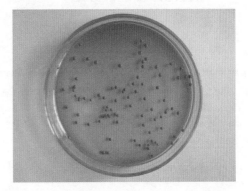

图4—3—2　孟加拉红培养基上生长的酵母菌

3. 检测流程

根据霉菌和酵母菌测定的原理，国家标准推荐的平皿计数法检验流程如图4—3—3所示，可据此对被检样品进行霉菌和酵母菌的检验。

图4—3—3　霉菌和酵母菌检验流程图

4. 霉菌酵母菌的快速检测

霉菌酵母菌快速检测片可用于各类食品及饮用水中霉菌和酵母菌的计数，由霉菌营养培养基、吸水凝胶和酶显色剂等组成。与传统方法相比，省去了配制培养基、消毒和培养器皿的清洗处理等大量辅助性工作，随时可以开始进行抽样检测，而且操作简便，通过酶显色剂的放大作用，使菌落提前清晰地显现出来，培养时间由一周缩短为48～72 h，非常适合于食品卫生检验部门和食品生产企业使用。

二、霉菌污染食品的评定及食品卫生学意义

1. 霉菌污染食品的评定

主要从两个方面进行评定：

（1）霉菌污染程度，即单位质量或容积的食品污染霉菌的量，一般以 CFU/g 作为计量单位。我国已经制定了霉菌菌落总数的国家标准。如黄曲霉毒素，规定在玉米、花生、花生油、坚果和干果（核桃、杏仁）中的含量≤ 20μg/kg。

（2）食品中霉菌菌相的构成：曲霉、青霉的存在预示食品即将霉变，根霉和毛霉的存在表示食品已经霉变。

2. 食品卫生学意义

（1）霉菌会引起食品霉变，霉变污染会引起食物变质。霉菌污染食品，按变质程度不同，可使食品的食用价值不同程度降低，甚至不能食用。据粗略统计，全球每年平均有 2% 的粮食因霉变而不能食用。

（2）霉菌毒素会引起人类急性中毒、慢性中毒和致癌。霉菌毒素引起的中毒大多通过被霉菌污染的粮食、油料作物以及发酵食品等引发，而且霉菌毒素中毒往往表现为明显的地方性和季节性，临床表现较为复杂，有急性中毒、慢性中毒以及致癌、致畸和致突变（"三致作用"）等。

三、乳及乳制品中产毒霉菌及其毒素

霉菌种类繁多，通常寄生于粮食、植物性食品、饲料和肉类中。如若食物或饲料等保存不当，霉菌会繁殖产生霉菌毒素，人食用被霉菌污染的食物后，可能发生食物中毒。毒性强烈的霉菌毒素还会造成"三致作用"。

1. 乳与乳制品中的霉菌

乳与乳制品中存在的霉菌主要有根霉、毛霉、曲霉、青霉和串珠霉等，大多数（如污染于奶油、干酪表面的霉菌）属于有害菌。与乳品有关的主要有白地霉、毛霉及根霉属等，如生产罗奎福特干酪和青纹干酪时需要依靠霉菌。

2. 黄曲霉毒素

（1）黄曲霉菌（见图 4—3—4）在湿热环境下会产生黄曲霉毒素。黄曲霉毒素微溶于水，易溶于有机溶剂，耐高温，但在碱性条件下或紫外辐照时较易降解。黄曲霉毒素是一种毒性极强的化合物，人体日摄入量达到 2 ～ 6 mg 即可发生急性中毒，甚至死亡。急性中毒的主要表现是呕吐、厌食和腹水等肝炎症状。同时，黄曲霉毒素也是目前所知

致癌性最强的化学物质。黄曲霉菌污染的玉米如图4—3—5所示。

　　黄曲霉毒素作为一种霉菌毒素，是粮食在未能及时晒干及储藏不当时产生的霉菌的代谢产物。黄曲霉毒素 M_1 属于真菌毒素，是黄曲霉毒素 B_1 在动物体内羟基化的代谢产物，具有剧毒性和强致癌性，由于其可能诱发肝癌，早在1993年就被世界卫生组织癌症研究机构列为一类致癌物。

　　图4—3—4　电镜下的黄曲霉菌

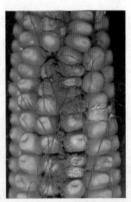
图4—3—5　黄曲霉菌污染的玉米

　　（2）乳及乳制品中的黄曲霉毒素。乳制品中黄曲霉毒素的来源大致有三种：一是奶牛采食霉变饲料，导致原料奶出现问题；二是生产过程中机器清洗不干净，发生有机物霉变；三是产品生产完成后，包装不严密，导致乳制品与空气中的有机物结合产生黄曲霉毒素。

3. 岛青霉类毒素

　　岛青霉类毒素是由岛青霉产生的代谢产物，包括黄天精、环氯素、岛青霉毒素、红天精等，岛青霉为青霉属。这些毒素易污染谷物（见图4—3—6）对人体的毒性作用一般分为三种类型，即急性毒性、亚急性或亚慢性毒性和慢性毒性作用，现已证实黄天精和环氯素有致癌作用。岛青霉素在显微镜下形态如图4—3—7所示。

　　图4—3—6　岛青霉污染的大米与正常大米比较

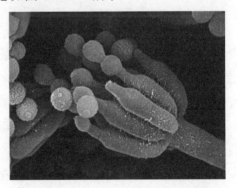
图4—3—7　显微镜下的岛青霉菌

4. 镰刀菌毒素

镰刀菌毒素主要是镰刀菌属（因其形状似镰刀故得其名，见图4—3—8）和个别其他菌属霉菌所产生的有毒代谢产物的总称。这些毒素主要是通过霉变粮谷而危害人畜健康。根据其化学结构和毒性作用可以主要分为单端孢霉素类、玉米赤霉烯酮和丁烯酸内酯等几类毒素。

（1）单端孢霉素类：急性毒性较强，以局部刺激症状、炎症甚至坏死为主；慢性毒性可引起白细胞减少，抑制蛋白质和DNA的合成。

（2）玉米赤霉烯酮：以污染玉米、大小麦、燕麦和小麦为主，具有类雌性激素样作用（见图4—3—9）。

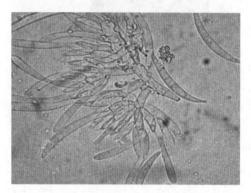

图4—3—8　电镜下的镰刀菌

图4—3—9　镰刀菌污染的玉米

（3）丁烯酸内酯：是三线镰刀菌产生的一种水溶性有毒代谢产物，可引起牛烂蹄病，导致牛后腿变瘸、蹄和皮肤联结处破裂或脱蹄等。因为是一种血液毒，故毒性也较大，尚不能排除致癌的可能性。

四、酵母菌的危害

在种类众多的酵母菌中，有少数是对人类有害的（25种左右），腐生酵母菌能使食品、纺织品和其他原料腐败变质，如蜂蜜酵母能使蜂蜜变质；还有一些酵母菌是发酵工业中的污染菌，会使发酵的产量降低或者产生不良的气味，影响产品的质量；另外，有一些酵母菌可引起皮肤、黏膜、呼吸道和泌尿系统的疾病。

乳与乳制品中常见的酵母有脆壁酵母、膜醭毕赤氏酵母、汉逊氏酵母、圆酵母属和假丝酵母属等。

1. 脆壁酵母能使乳糖分解形成酒精和二氧化碳。该酵母是生产牛乳酒、酸马奶酒的珍贵菌种。乳清进行酒精发酵时也常用此菌。

2. 毕赤氏酵母能使低浓度的酒精饮料表面形成干燥皮膜，故有产膜酵母之称。膜醭毕赤氏酵母主要存在于干酪及发酵奶油中。

3. 汉逊氏酵母多存在于干酪及乳房炎乳中。

4. 圆酵母属是无孢子酵母的代表。它能使乳糖发酵，污染乳和乳制品，产生酵母味，并能使干酪和炼乳罐头膨胀。

5. 假丝酵母属的氧化分解能力很强。能使乳酸分解形成二氧化碳和水。由于酒精发酵力很高，因此，也用于开菲乳（kefir）和酒精发酵。

【任务实施】

一、准备工作

1. 设备与材料

图示	名称及规格	
	仪器与设备	（1）冰箱：2～5℃ （2）恒温培养箱：（28±1）℃ （3）均质器 （4）恒温振荡器 （5）显微镜：10×～100× （6）电子天平：感量0.1 g （7）无菌锥形瓶：500 mL、250 mL （8）无菌广口瓶：500 mL （9）无菌吸管：1 mL（具0.01 mL刻度），10 mL（具0.1 mL刻度） （10）无菌平皿：直径90 mm （11）无菌试管：10 mm×75 mm
	材料	乳粉、225 mL无菌生理盐水瓶

2. 培养基和试剂

图示	名称及规格	
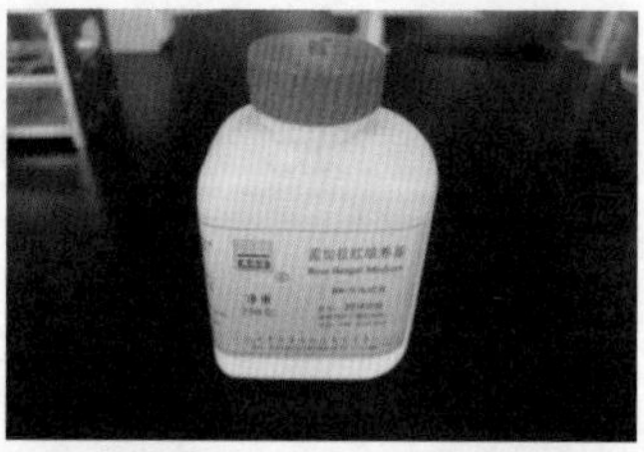	培养基	孟加拉红培养基
	试剂	无菌生理盐水（0.9%）

二、检验步骤

1. 样品预处理

图示	操作方法	说明
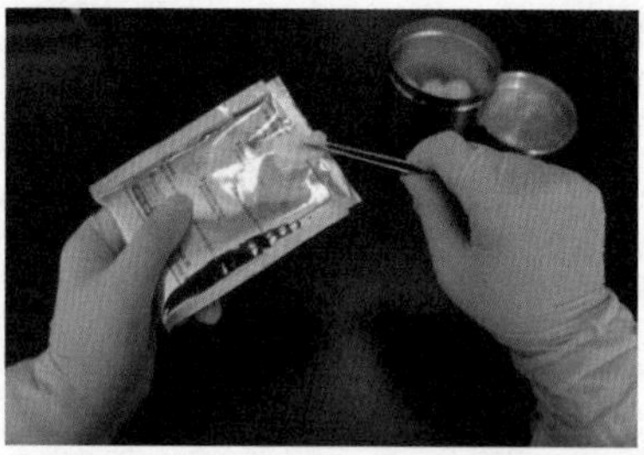	（1）用酒精棉球擦拭乳粉的外包装及操作台	要充分擦拭乳粉外包装及台面，避免消毒不完全影响实验结果
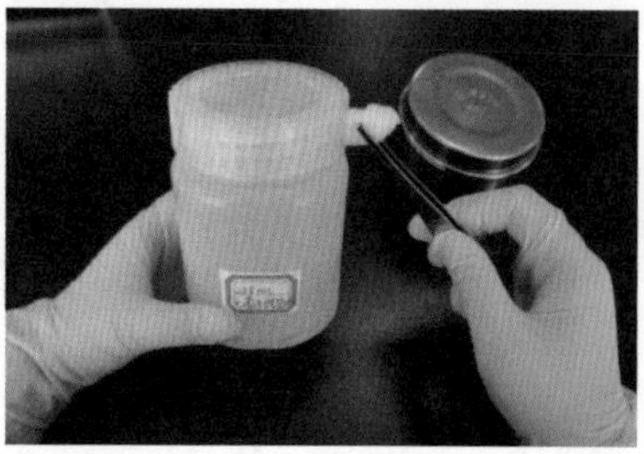	（2）取无菌生理盐水瓶，用酒精棉球对瓶口进行消毒	避免引入杂菌使实验结果不准确

图示	操作方法	说明
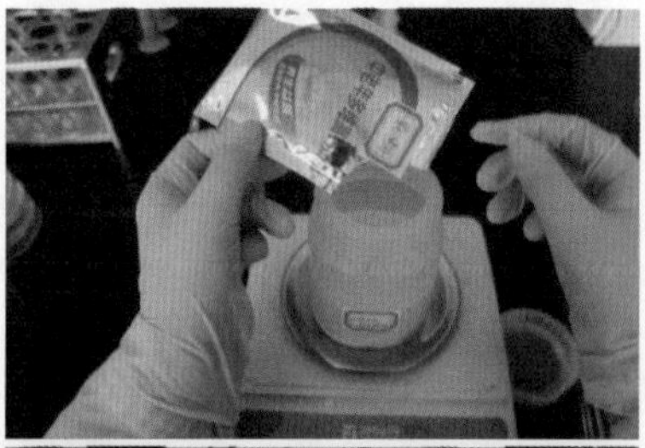 	（3）以无菌操作称取25 g样品，注入预热到45 ℃的225 mL无菌生理盐水中	（1）在均质杯内预置适当数量的无菌玻璃珠，便于混匀 （2）操作需在无菌环境中进行 （3）吸管或吸管尖端不要触碰瓶口外侧及瓶壁的外侧，这些部分都有可能触碰过手或其他物品
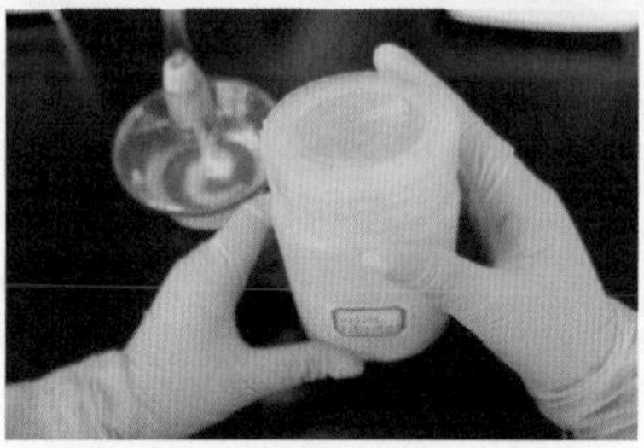	（4）将样品与无菌生理盐水充分混匀，制成1∶10的样品稀释匀液	

2.10 倍系列稀释

图示	操作方法	说明
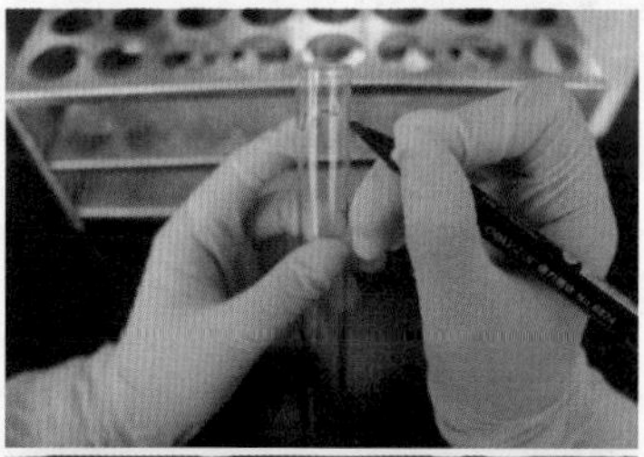 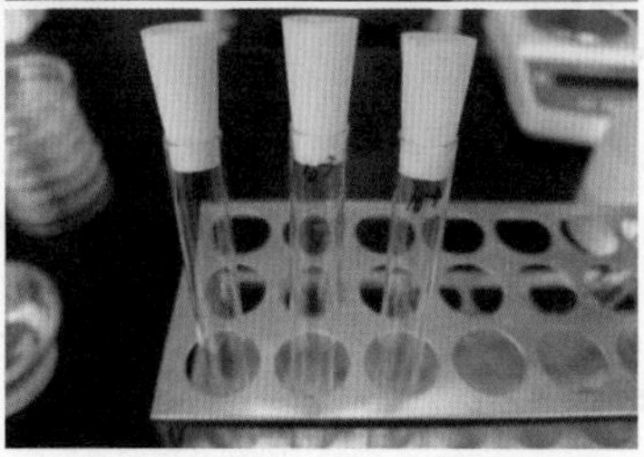	（1）在无菌生理盐水管上标记稀释倍数，并从每个稀释度分别吸取1 mL空白稀释液加入一个无菌平皿内作空白对照	（1）在平皿外圈标记操作时间、操作人及稀释倍数，并标记空白 （2）稀释液空白对照只针对同一浓度的稀释液，每一次做一个空白对照平皿 （3）向平皿中加入稀释液要在无菌环境中进行

续表

图示	操作方法	说明
	（2）用灭菌吸管吸取1 mL 1∶10 稀释液注入含有9 mL 无菌水的试管中	（1）吸管或吸管尖端不要触及均质袋袋口、外侧及试管口的外侧，这些部分都有可能触碰过手或其他物品 （2）样品的取样及稀释均在无菌条件下进行
	（3）另换一支1 mL 无菌吸管反复吹吸，此液为1∶100 稀释液。按上述操作程序，以此类推，连续稀释，制备10 倍系列稀释样品匀液	反复吹吸是为了将稀释液进行充分混合，避免由于混合不均匀引起检验结果的误差

3. 向平皿中加入样品匀液

图示	操作方法	说明
	（1）根据对样品污染状况的估计，包括样品原液在内，选择2～3个适宜稀释度的样品匀液	如果是液体样品，可用原液作为一个稀释浓度，直接加入平皿中
	（2）在进行10 倍递增稀释的同时，每个稀释度分别吸取1 mL 样品匀液置于2个无菌平皿内	应在无菌条件下进行操作

4. 向平皿中加入培养基

图示	操作方法	说明
	（1）向平皿中倾注20～25 mL 冷却至46 ℃的马铃薯-葡萄糖-琼脂或孟加拉红培养基	（1）可将培养基放置于（46±1）℃恒温水浴箱中保温，避免培养基凝固 （2）操作需在无菌环境下进行
	（2）将培养基平放于桌面，紧贴桌面转动平皿，使其混合均匀	（1）倒入培养基后可将皿底在平面上先前后左右摇动，再顺时针和逆时针方向旋转，以使培养基与样品液充分混匀 （2）转动培养基速度不宜过快，避免培养基溢出，影响检验结果

5. 菌落培养

图示	操作步骤	说明
	待琼脂凝固后，将平皿倒置，（28±1）℃下放入培养箱中培养5天，观察并记录	（1）平皿内琼脂凝固后，在数分钟内即应将平皿翻转进行培养，这样可避免菌落蔓延生长 （2）将平皿倒置是为了避免平皿中的水蒸汽凝结为水滴滴入培养基，影响微生物培养的结果

6. 菌落计数

图示	操作步骤	说明
	（1）用肉眼观察，必要时可用放大镜，记录各稀释倍数和相应的霉菌和酵母数，以菌落形成单位（CFU）表示	（1）选取菌落数在10～150 CFU 的平皿，根据菌落形态分别计数霉菌和酵母数。 （2）霉菌蔓延生长覆盖整个平皿的可记录为多不可计

图示	操作步骤	说明
	（2）菌落数应采用两个平皿的平均数	

三、菌落计数的结果与报告

平皿菌落数的计算是选取两个平皿菌落数的平均值，再将平均值乘以相应倍数，见表4—3—1。

表4—3—1　　　　　　　　　　不同情况菌落计数方法

（1）若所有平皿上菌落数均大于150 CFU/g	对稀释度最高的平皿进行计数，其他平皿可记录为"多不可计"，结果按平均菌落数乘以最高稀释倍数计算
（2）若所有平皿上菌落数均小于10 CFU/g	按稀释度最低的平均菌落数乘以稀释倍数计算
（3）若所有稀释度平皿均无菌落生长	以＜1乘以最低稀释倍数计算；如果为原液，则以＜1计数

四、霉菌和酵母菌检验的原始记录与报告

霉菌和酵母菌检验原始数据记录表见表4—3—2。

表4—3—2　　　　　　　　　　霉菌和酵母菌检验原始数据记录表

样品名称			检验日期			检验员		
室温			湿度			培养时间		
样品编号	执行标准	标准要求	试验数据			结果	结论	
					空白			
测定步骤			计算公式			备注		

报告说明：

（1）菌落数＜100 CFU 时，按"四舍五入"原则修约，以整数报告。

（2）菌落数≥100 CFU 时，第 3 位数字采用"四舍五入"原则修约后，取前 2 位数字，后面用 0 代替位数；也可用 10 的指数形式来表示，按"四舍五入"原则修约后，采用两位有效数字。

（3）若所有平皿上均为蔓延菌落而无法计数，则报告菌落蔓延。

（4）若空白对照上有菌落生长，则此次检验结果无效。

（5）称重取样以 CFU/g 为单位报告，体积取样以 CFU/mL 为单位报告。

（6）报告或分别报告霉菌和（活）酵母菌数。

【技能拓展】乳酸饮料中霉菌酵母菌的快速检验

一、准备工作

1. 霉菌酵母菌测试品。
2. 设备与材料参见本任务。

二、操作步骤

1. 样品预处理：方法同本任务中的任务实施。

2. 加入样品匀液：选 3 个稀释度进行检验。将检验纸片水平放在台面上，揭开上面的透明薄膜，用灭菌吸管吸取样品原液或稀释液 1 mL，均匀加到中央的滤纸片上，然后轻轻将上盖膜放下，静置 5 min。

3. 用手指先沿方格区边缘刮一下，防止水外流，然后再在中间轻轻推刮，使水分在纸片方格区内均匀分布，并将气泡赶走。

4. 将加入样品均匀液的检验纸片平放在 28 ～ 35 ℃培养箱内培养 48 ～ 72 h。

5. 结果观察：霉菌和酵母菌在纸片上生长后会显示蓝色斑点，霉菌菌落显示的斑点略大或有点扩散，酵母菌落则较小而圆滑，许多霉菌在培养后期会呈现其本身特有的颜色。计数方法同本次实训。

【考核评价】

素质	内容 学习目标	评价项目	评价 个人评价（20%）	小组评价（30%）	教师评价（50%）
知识能力（20分）	应知	1.掌握霉菌、酵母菌检验的定义和原理 2.掌握霉菌毒素的种类及对人体的毒害作用			
专业能力（60分）	试剂配置及仪器准备（10分）	1.试剂、培养基的配制准确 2.仪器的准备正确			
	样品的处理（20分）	1.样品的采集符合标准 2.样品的制备动作熟练 3.样品预处理符合要求			
	样品的测定（25分）	1.能按照国家标准要求对霉菌和酵母菌进行检验 2.能熟练进行微生物检验，操作规范、熟练 3.能对检验结果进行初步分析 4.结果记录真实，字迹工整，报告规范			
	遵守安全、卫生要求（5分）	1.遵守实验室安全规范 2.遵守实验室卫生规范			
通用能力（10分）	语言能力（2分）	1.准确阐述自己的观点 2.专业术语表达准确			
	合作能力（3分）	1.能与同学配合共同完成工作 2.具有组织和协调能力			
	发现、分析和解决问题能力（3分）	1.善于发现实验过程中的问题 2.自主分析和解决实验中的问题			
	创新能力（2分）	1.善于总结工作经验 2.善于体验新的检验方法			
态度（10分）	认真、细致、勤劳	整个实验过程认真、仔细、勤劳			
小计					
总分					

【思考与练习】

一、思考题

1. 简述霉菌和酵母菌检验的定义及食品卫生学意义。

2. 简述常见的霉菌污染。

3. 霉菌和酵母菌最适宜的生长温度和生长时间分别是多少？

4. 霉菌和酵母菌检验步骤有哪些？分别需要注意什么？

二、实训题：奶片的霉菌和酵母菌检验

提示：

1. 本样品为固体样品，在预处理时需要以无菌操作方法称取 25 g 样品置于盛有 225 mL 生理盐水的无菌均质杯内。取样时应尽量剪碎，便于后面样品匀液的制备。将均质杯中的预处理样品混合液倒入均质袋中用用拍击式均质器拍打 1 ~ 2 min（若样品均质不充分可再次拍打），制成 1:10 的样品匀液。

2. 其他操作步骤参见本任务的任务实施。

【知识链接】

一、酵母菌在食品工业中的应用

酵母（即酵母菌）是一类重要的单细胞微生物，与人类日常生活和工业应用有着较为密切的联系。酵母也是人类利用最早、应用最广泛、直接食用最多的一种微生物。具有发酵、营养强化和增味等功能。如今，酵母已经在食品工业生产中得到广泛的应用。

1. 酿酒

我国是一个酒类生产大国，也是一个酒文化文明古国，在应用酵母酿酒的领域里，有着举足轻重的地位。

酵母酿酒主要包括啤酒酿造、果酒酿造及白酒酿造三大类，按产品的用途分为酒精活性干酵母、白酒活性干酵母、葡萄酒活性干酵母、黄酒活性干酵母和啤酒活性干酵母等。其中白酒活性干酵母分为产酯较少的酒精活性干酵母和产酯能力较强的生香活性干酵母两类。

按发酵温度，酿酒酵母又可分为两类：常温活性干酵母和耐高温活性干酵母。

（1）啤酒。啤酒是以优质大麦芽为主要原料，大米、酒花等为辅料，经过制麦、糖化和啤酒酵母发酵等工序酿制而成的一种含有 CO_2、低酒精浓度和多种营养成分的饮料酒。

（2）葡萄酒。葡萄酒是由新鲜葡萄或葡萄汁通过酵母的发酵作用制成的一种低酒精含量的饮料。葡萄酒质量的好坏和葡萄品种及酵母有着密切的关系。

葡萄酒酵母在分类上为子囊菌纲的酵母属，啤酒酵母种。葡萄酒酵母繁殖主要是无性繁殖，以单端（顶端）出芽繁殖。

（3）白酒。白酒是以曲类为糖类发酵剂，用淀粉类物质为原料，经过蒸煮、糖化、发酵、蒸馏、陈酿和勾兑等环节酿制而成的各类含酒精液体。

2. 面包

面包是以面粉为主要原料，以面包酵母、糖、油脂和鸡蛋为辅料生产的发酵食品。面包酵母是一种单细胞生物，属真菌类，有圆形、椭圆形等多种形态，以椭圆形的用于生产较好。酵母为兼性厌氧微生物，在有氧及无氧条件下都可以进行发酵，在面包生产过程中酵母是必不可少的生物松软剂。

面包酵母主要包括鲜酵母（压榨酵母）、活性干酵母和快速活性干酵母三类。

（1）鲜酵母。采用酿酒酵母生产的含水分70%～73%的块状产品，菌种在培养基中经扩大培养、繁殖、分离和压榨而制成。鲜酵母呈淡黄色，具有紧密的结构且易粉碎，有较强的发面能力，在4℃可保藏1个月左右，在0℃能保藏2～3个月。产品最初是用板框压滤机将离心后的酵母压榨脱水得到的，因而被称为压榨酵母，俗称鲜酵母。

（2）活性干酵母。采用酿酒酵母生产的含水分8%左右、颗粒状且具有发面能力的干酵母产品。采用具有耐干燥能力、发酵力稳定的醇母经培养得到鲜酵母，再经挤压成型和干燥而制成。发酵效果与压榨酵母相近。产品用真空或充惰性气体（如氮气或二氧化碳）的铝箔袋或金属罐包装，货架寿命为半年到1年。与压榨酵母相比，它具有保藏期长、不需低温保藏、运输和使用方便等优点。

（3）快速活性干酵母。具有快速高效发酵力的细小颗粒状（直径小于1 mm）新型产品，水分含量为4%～6%。它是在活性干酵母的基础上，采用遗传工程技术获得高度耐干燥的酿酒酵母菌株，经特殊的营养配比和严格的增殖培养条件，采用流化床干燥设备干燥而得。与活性干酵母相同，它采用真空或充惰性气体保藏，货架寿命为1年以上。与活性干酵母相比，它颗粒较小、发酵力高，使用时不需先水化而可直接与面粉混合加水制成面团发酵，在短时间内即可发酵完毕并焙烤成食品。

3. 单细胞蛋白

单细胞生物产生的蛋白质称为单细胞蛋白（简称SCP），也是从酵母菌或细菌等微生物中提取的蛋白。它所包含的产品有饲用酵母、食品酵母与药用酵母三大类。单细胞微生物体内有丰富的蛋白质，如酵母菌体中的蛋白质占干重的45%～55%。单细胞蛋白的氨基酸组成不亚于动物蛋白，8种必需氨基酸中，除蛋氨酸外SCP含有另外7种必需氨基酸，一般成人每天食用 10 ~ 15 g 干酵母，蛋白质的需要量就可以得到满足。除此之外，SCP 还含有丰富的碳水化合物、脂类、维生素和矿物质等，因此单细胞蛋白是一种营养价值丰富的新型蛋白资源。

二、霉菌在食品工业中的应用

霉菌在食品加工工业中用途十分广泛，许多酿造发酵食品、食品原料的制造，都是在霉菌的参与下生产加工出来的。

1. 酱类

酱类包括大豆酱、蚕豆酱、面酱、豆瓣酱、豆豉及其加工制品，都是以一些粮食和油料作物为主要原料，利用以米曲霉为主的微生物经发酵酿造制成的。米曲霉在发酵过程中充分生长发育，并大量产生和累积所需要的酶，这些酶把原料中的蛋白质分解为氨基酸，淀粉变为糖类，在其他微生物的共同作用下生成醇、酸、酯等，这些物质组成了酱类的复合滋味。

2. 食醋

酿造食醋的主要是曲霉菌、酵母菌和醋酸菌，食醋的发酵就是这些菌协同发酵的结果，其中曲霉菌能使淀粉水解成糖，使蛋白质水解成氨基酸，酵母菌能使糖转变成酒精，醋酸菌能使酒精氧化为醋酸。可以说曲霉菌是食醋酿造的先决条件，是食醋酿造的关键菌种。

3. 腐乳

腐乳是一类以霉菌为主要菌种的大豆类发酵食品，腐乳的制作是多种微生物共同作用，进行发酵的结果，主要有毛曲霉菌、根霉菌、红曲霉菌和米曲霉菌等。毛曲霉菌在生产过程的前期发酵淀粉，产生酒精；根霉菌产生有机酸，与醇类形成芳香物质；红曲霉菌产生各种有机酸和酶类物质，同时产生鲜红色的红曲霉红素和红曲霉黄素，作为腐乳的着色剂。

4. 有机酸

（1）柠檬酸。柠檬酸分子式为 $C_6H_8O_7$，外观为白色颗粒或白色结晶粉末，无臭，具有令人愉快的强烈的酸味，柠檬酸易溶于水、酒精，不溶于醚、酯等有机溶剂。它广泛存在于天然果实中，其中以柑橘、菠萝、柠檬和无花果等含量较高。柠檬酸主要用于食品工业中饮料、果酱和水果糖等的制造。用于生产柠檬酸的菌种主要有毛霉菌、青霉菌、黑曲霉和曲霉菌，其中以黑曲霉产生柠檬酸的能力最强，是生产柠檬酸工业中最常用的菌种。

（2）苹果酸。苹果酸分子式为 $C_4H_6O_5$，为无色或微黄色粉末状、颗粒状或结晶状固体，略带有刺激性爽快酸味，易溶于水，微溶于酒精或醚，吸湿性较强，保存时易受潮。苹果酸广泛存在于水果中，因为在苹果中含量最高故得其名。近年来随着食品工业的迅速发展，市场对苹果酸的需求越来越广泛。

微生物直接发酵法是我国苹果酸生产的主要途径，采用黄曲霉、米曲霉或寄生曲霉，利用糖质原料或非糖质原料直接将原料淀粉发酵为苹果酸。

任务 4　酸奶中乳酸菌的检验

>>> 【学习目标】

1. 掌握乳酸菌的定义和分类。
2. 了解乳酸菌在食品工业中的应用。
3. 掌握乳酸菌检验的基本原理和检验方法。
4. 能以小组合作的方式完成食品中乳酸菌的检验。
5. 能正确对平皿菌落进行计数并报告。

【任务引入】

乳酸菌是国际上公认的有益菌种，大量研究资料表明，乳酸菌能调节胃肠道正常菌群，维持微生态平衡，从而改善胃肠道功能；降低血清胆固醇，控制内毒素；抑制肠道内腐败菌生长及提高机体免疫力等。普通乳酸菌活力极弱，它们只能在相对受限制的环境中存活，如果脱离这些环境，自身就会遭到灭亡，只有经过特殊工艺处理的乳酸菌才能到达肠道。进入肠道内的乳酸菌，必须具备数量多、活力强的特点，才能发挥其生物功效。活性乳酸菌的含量和种类是判定酸奶质量的一个重要指标。本任务将以凝固型酸奶为例，完成相关乳酸菌的检验。

【任务分析】

市场上销售的酸奶品种琳琅满目、质量良莠不齐，如何判定其质量高低是人们关注的焦点。乳酸菌检验越来越被人们所重视，检验方法有中华人民共和国国家标准（GB）、出入境检验检疫行业标准（SN）及 AOAC 官方方法等多种国内、国际通用方法，其中《食品微生物学检验　乳酸菌检验》（GB 4789.35—2016）在国内应用最为广泛。该法检验的乳酸菌主要包括乳酸杆菌、双歧杆菌和链球菌属中的嗜热链球菌。

【相关知识】

一、乳酸菌

1. 乳酸菌的分类

乳酸菌是一类可发酵糖，主要产生大量乳酸的细菌的通称。乳酸菌是一群相当庞杂的细菌，除极少数外，其中绝大部分都是人体内必不可少且具有重要生理功能的菌群，广泛存在于人体的肠道中。根据《伯杰氏系统细菌学手册》第9版，乳酸菌可分为乳杆菌属、双歧杆菌属、链球菌属、片球菌属和明串珠菌属。

2. 乳酸菌的生物学特性

乳酸菌为一类革兰氏阳性无芽孢杆菌或球菌。乳杆菌一般呈细长的杆状，大小为（0.5～1）×（2～10）μm，常呈链状排列，是微需氧菌，其中保加利亚乳杆菌、干酪乳杆菌和嗜酸乳杆菌等应用广泛；链球菌一般呈短链或长链状排列，是兼性厌氧菌，代表菌是嗜热链球菌；明串珠菌一般呈圆形或卵圆形，菌体排列呈链状，可利用葡萄糖发酵产生乙酸、乳酸和二氧化碳，此特性可将其与链球菌区分开来；双歧杆菌菌体为革兰氏染色阳性，不抗酸、无芽孢，无动力，菌体形态多样，呈短杆状、纤细杆状或球形，可形成各种分支或分叉形态，是专性厌氧菌；片球菌呈球形，成对或四联状排列，无芽孢，不运动，无细胞色素。

3. 乳酸菌的菌落形态

嗜热链球菌与人的关系密切，该菌是制作乳酸类饮料的重要组成菌种。嗜热链球菌在MC培养基平皿上的菌落特征为：菌落中等偏小，边缘整齐光滑的红色菌落，直径（2±1）mm，菌落背面为粉红色，如图4—4—1所示。乳酸菌在MRS培养基上的菌落形态如图4—4—2所示。

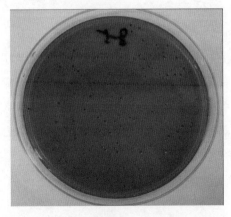 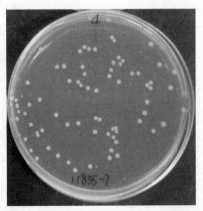

图4—4—1　MC培养基平皿—嗜热链球菌　　图4—4—2　MRS培养基平皿—乳酸菌

二、乳酸菌的检验

1. 检验原理

含活性乳酸菌的食品中乳酸菌的检验是采用平皿计数法，将合适稀释度的样品匀液 0.1 mL 加入到相应的培养基平皿，涂布后培养计数即可。MRS 培养基平皿于（36±1）℃ 厌氧（48±2）h 计数乳酸菌总数，MC 培养基平皿于（36±1）℃需氧（48±2）h 计数嗜热链球菌，莫匹罗星锂盐改良 MRS 培养基平皿于（36±1）℃厌氧（48±2）h 计数双歧杆菌，乳酸杆菌计数 = 乳酸菌总数（嗜热链球菌计数 + 双歧杆菌计数）。

2. 乳酸菌的检验方法

（1）平皿表面涂布法。用涂抹棒将待检样品均匀地涂布在固体培养基平皿的表面，涂抹棒一般为玻璃或不锈钢材质，顶端折成 L 形或三角形。该法用于菌落计数，可分为加样、涂布、培养和计数四个部分。涂布时应从中间以同一个方向打圈方式往周边涂布，可以重复涂布。从高稀释度往低稀释度涂布时可以不用更换涂抹棒，也不用灼烧涂抹棒，涂布同一个稀释度的不同平皿时也不用灼烧涂抹棒。但是从低稀释度往高稀释度涂布时，如不更换涂抹棒，一定要灼烧涂抹棒，原则上不采用这个涂布顺序。

（2）乳酸菌还有快速检验的方法。此法一般采用测试片的方法，可以采用 3M Petrifilm™ 细菌总数测试片（见图 4—4—3）（用于乳酸菌检验）等产品。

图 4—4—3　Petrifilm™ 细菌总数测试片

Petrifilm™ 测试片是一种用于乳酸菌计数的可再生水化物的干膜，由上下两层薄膜组成，下层的聚乙烯薄膜上印有网格且覆盖有乳酸菌生长所需的培养基，上层是聚丙烯薄膜。该测试片是一种预先制备好的培养基系统，含标准培养基、冷水可溶的凝胶剂和氯化三苯四氮唑（TTC）指示剂，可增强菌落计数的效果。使用时只需接种 1 mL 待测样品的稀释液在下层的培养基上，盖上上层的薄膜，压平后置于 30 ～ 35 ℃厌氧装置中培养（48±2）h，即可计数。

三、乳酸菌在食品工业中的应用

20世纪初，俄国著名的生物学家梅契尼柯夫（Metchnikoff，1845—1916）在他获得诺贝尔奖的"长寿学说"里指出，保加利亚巴尔干半岛地区居民经常饮用的酸奶中含有大量的乳酸菌，这些乳酸菌能够定植在人体内，有效地抑制有害菌的生长，减少肠道内有害菌产生的毒素对整个机体的毒害，这是保加利亚巴尔干半岛地区居民长寿的重要原因。

目前，常用于制作酸奶的乳酸菌包括保加利亚乳杆菌、嗜热链球菌和双歧杆菌等，且含量一般比较高。乳酸菌除用于制作酸奶外，还可用于制作乳酪、啤酒、葡萄酒、泡菜、腌渍食品和其他发酵食品。经乳酸菌发酵的奶酪蛋白及乳脂被转化为短肽、氨基酸和低分子的游离脂类等更易被人体吸收的小分子，奶中丰富的乳糖也被分解成乳酸，乳酸与钙结合形成的乳酸钙极易被人体吸收，也可被乳糖不耐症人群选用。

【任务实施】

操作流程如图4—4—4所示。

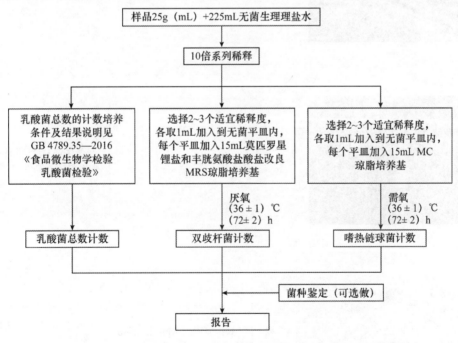

图4—4—4　乳酸菌检验流程图

1. 实验准备

图示	设备与材料	说明
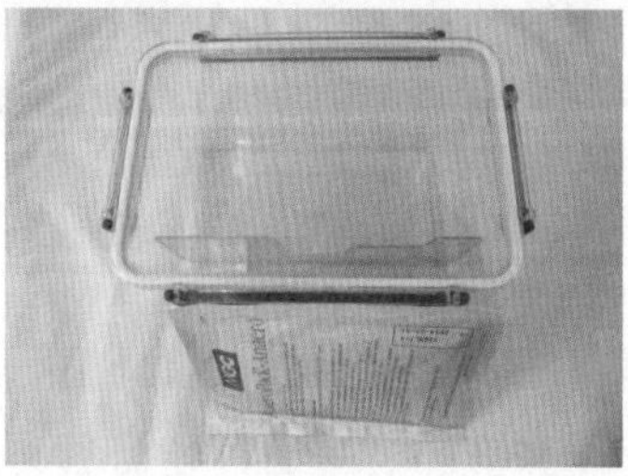	（1）恒温培养箱：（36±1）℃ （2）冰箱：2~5℃ （3）天平：感量为0.1 g （4）均质器和均质袋 （5）厌氧培养装置：厌氧罐/盒、厌氧产气袋、氧气指示剂，也可用厌氧培养箱等	
	1 mL无菌吸管3支、250 mL无菌锥形瓶1个、无菌平皿8个、无菌试管、涂抹棒	1 mL无菌吸管具有0.01 mL刻度
	样品：市售酸奶	本任务选用市售的酸奶为实验样品
	培养基：MRS（Man Rogosa Sharpe）培养基	图中塑料瓶为MRS干粉培养基

2. 样品预处理

图示	操作方法	说明
	（1）以无菌操作，称取 25 g 样品置于装有 225 mL 生理盐水的无菌均质袋中	注意无菌操作
	（2）用拍击式均质器拍打 1～2 min，制成 1：10 的样品匀液	（1）拍打前一定要将均质袋中的空气排净，避免影响拍打效果 （2）拍打前要将均质袋放置在均质器较为中央的部位，保证拍打均匀

3. 10 倍稀释液的制备

图示	操作方法	说明
	（1）用 1 mL 无菌吸管或微量移液器吸取 1：10 样品匀液 1 mL，沿管壁缓慢注入装有 9 mL 生理盐水的无菌试管中	吸管或吸头尖端不要触及稀释液
	（2）振摇试管或换用一支无菌吸管反复吹吸使其混合均匀，制成 1：100 的样品匀液	每递增稀释一次，换用一支 1 mL 无菌吸管或吸头

图示	操作方法	说明
	（3）按上述操作程序，以此类推，连续稀释，制备10倍系列稀释样品匀液（例如，$10^{-2} \sim 10^{-9}$倍稀释液）	更换吸管，避免干扰检测数据

4. 样品接种（以乳杆菌计数为例）

图示	操作方法	说明
	（1）根据待检样品活菌总数的估计，选择2～3个连续的适宜稀释度，每个稀释度吸取1 mL样品匀液于灭菌平皿内，将冷却至48℃的MRS琼脂培养基（约15 mL）倾注入平皿，转动平皿使其混合均匀	从样品稀释到平皿倾注要求在15 min内完成
	（2）取一块MRS琼脂平皿做培养基的空白对照	MRS琼脂空白平皿要与样品一起培养

5. 培养

图示	操作方法	说明
	将MRS琼脂平皿倒置于厌氧罐中，然后整体放入（36±1）℃的培养箱中培养（72±2）h	厌氧罐中放入MRS琼脂平皿后，将厌氧产气袋和氧气指示剂一并放入，然后立刻盖上盖子

6. 菌落计数

图示	操作方法	说明
	同菌落总数测定	用肉眼、放大镜或菌落计数器进行计数

7. 乳酸菌检验的原始记录与报告（见表 4—4—1 和表 4—4—2）

表 4—4—1　　　　　　　　乳酸菌检验原始数据记录表

检验依据：　　　　　　　检验时间：　　　　　　　检验员：

样品号		乳酸菌总数（__℃__h）			双歧杆菌计数（__℃__h）			嗜热链球菌计数（__℃__h）			乳酸杆菌计数（__℃__h）		
	稀释倍数	10	10	10	10	10	10	10	10	10	10	10	10
	菌落数												
	结果												
空白（培养基）													
空白（稀释液）													

报告说明：

（1）原始数据记录表中包括了乳酸菌总数、嗜热链球菌计数、双歧杆菌计数和乳酸杆菌计数，可以根据需要进行选择，不需要填写的空格可以用"／"表示。

（2）其余同菌落总数测定。

表 4—4—2　　　　　　　　乳酸菌检验报告

产品名称		型号规格	
		商标	
受检单位		检验类别	
生产单位		样品等级	
抽样地点		送样日期	
样品数量		送样者	

续表

样品编号		原编号或生产日期	
检验依据			
检验项目			
检验结论			
备注			
批准		审核		主检	

【考核评价】

素质	内容		评价项目	评价		
		学习目标		个人评价（20%）	小组评价（30%）	教师评价（50%）
知识能力（20分）	应知		1.知道乳酸菌的生物学性质 2.掌握乳酸菌的功能			
专业能力（60分）	试剂配制及仪器准备（10分）		1.试剂、培养基的配制准确 2.仪器的准备正确			
	样品的处理（20分）		1.样品的采集符合标准 2.样品的制备动作熟练 3.样品预处理符合要求			
	样品的测定（30分）		1.能按照国家标准要求对乳酸菌进行检测 2.能熟练进行微生物检验，操作规范、熟练 3.能对检测结果进行初步分析 4.结果记录真实，字迹工整，报告规范			
	遵守安全、卫生要求（10分）		1.遵守实验室安全规范 2.遵守实验室卫生规范			
通用能力（10分）	动作协调能力（5分）		动作标准、仪器操作熟练			
	与人合作能力（5分）		能与同学互相配合，团结互助			

续表

素质	内容		评价项目	评价		
	学习目标			个人评价（20%）	小组评价（30%）	教师评价（50%）
态度（10分）	认真、细致、勤劳		整个实验过程认真、仔细、勤劳			
小计						
总分						

【思考与练习】

----

1. 简述乳酸菌的定义和分类。

2. 乳酸菌是需氧培养吗？需要怎样适宜的环境？

3. 平皿表面涂布有哪些注意事项？

4. 完成乳饮料中乳酸菌总数的测定。

项目五

乳及乳制品中非法添加物及污染物检测

【先导知识】

乳及乳制品的营养丰富，且易消化吸收，随着越来越多的消费者认识到其营养价值，乳制品在日常生活中也开始扮演着日益重要的角色。近年来，随着"三聚氰胺奶粉""皮革奶""硫氰酸钠"等一系列乳品质量事件的曝光，乳品安全问题一次次地引起社会震动，中国乳业至今都没有走出阴影。随着食品中非法添加物及污染物整治工作的不断深入，针对乳及乳制品中非法添加物及污染物的检测技术的发展已经成为全社会关注的焦点。大多数不明真相的人，往往会把"问题食品"归咎于食品添加剂，其实，非法添加物与食品添加剂有着本质的区别。

一、乳及乳制品中的非法添加物及其危害

2008年爆发"三聚氰胺"事件后，卫生部相继发布了《食品中可能违法添加的非食用物质名单（第一至六批）》以及《全国打击违法添加非食用物质和滥用食品添加剂的专项整治近期工作重点及要求》，列出了七大"高危"行业，包括乳及乳制品、米面、肉制品、酒、调味品、水产品和餐饮食品加工。其中，与乳及乳制品相关的违禁添加物主要有四种：三聚氰胺（蛋白精）、硫氰酸钠、皮革水解物及 β 内酰胺酶（解抗剂）。这些非法添加物既不是食品添加剂，也不是食品的正常成分，大多数为化工原料，均属于非食用物质，对人体有毒害作用，可产生急性、亚急性和慢性危害，或有致癌、致畸和致突变作用，而且某些非法添加物在生产过程中还可能混杂有害物质，添加到食品中会严重损害消费者健康。

二、乳及乳制品中的污染物及其危害

我国分别于2013年6月1日及2014年8月1日开始实施的《食品安全国家标准

食品中污染物限量》（GB 2762—2017）及《食品安全国家标准 食品中农药最大残留限量》（GB 2763—2016）两个强制性标准，明确了乳及乳制品中重金属铅、铬、汞、砷及有机氯农药残留等污染物的限量，与前期标准相比，增加了需要测定污染物的乳制品种类。早期标准只对生乳、乳粉和婴幼儿配方乳粉有要求，现在则增加了巴氏杀菌乳、灭菌乳、发酵乳、调制乳及非脱盐乳清粉等其他乳制品。随着现代工业的发展，重金属及有机氯农药等环境污染日益严重，由于这些污染物难以降解且具有较强的生理毒性，日积月累中即便是极其微量的摄入，也会对人体健康造成较严重的影响，可导致细胞癌变、畸形，对人体细胞、肝脏等会产生不可逆的损坏。因此，乳及乳制品中的重金属及有机氯农药残留量也是国家食品安全监测的重点。

　　总而言之，在乳制品质量安全成为全社会关注的热点和焦点的形势下，非法添加物及污染物限量标准不断提高，更加突出科学性及安全性，也表明我国的食品安全工作已步入新高度。

任务 1　乳及乳制品中三聚氰胺含量的检测

>>>【学习目标】

1. 了解乳及乳制品中三聚氰胺的来源及危害。
2. 能使用高效液相色谱仪对乳及乳制品中三聚氰胺进行检测。

【任务引入】

　　食品工业中常通过凯氏定氮法等方法测定氮原子的含量，以此来间接推算食品中蛋白质的含量。三聚氰胺与牛乳中的蛋白质相比含有更多的氮原子，含氮量高达66.67%，造假者利用这一点，把本应用作有机化工原料的三聚氰胺添加在食品中，以伪造食品蛋白质含量较高的假象。2008 年 9 月，中国乳业爆发令世界震惊的质量事件——三鹿婴幼儿配方奶粉事件，在食用含有三聚氰胺的奶粉后，大批婴幼儿患上肾结石疾病。国家质检总局对其余 109 家乳品企业的 491 批次产品进行了筛查，发现有 22 家婴幼儿奶粉生产企业的 69 批次产品检出不同含量的三聚氰胺，这一结果引起人们的普遍关注与不安。那么，如何检测奶粉及乳制品中是否含有三聚氰胺呢？

【任务分析】

目前检测三聚氰胺的方法主要有苦味酸法、电位滴定法、升华法、酶联免疫吸附法、高效液相色谱法（HPLC）和气—质联用法（GC-MS）。本任务选用《原料乳与乳制品中三聚氰胺检测方法》（GB/T 22388—2008）中规定的高效液相色谱法，测定超高温灭菌乳中是否存在三聚氰胺。

【相关知识】

一、三聚氰胺的理化性质及其用途

三聚氰胺是一种三嗪类含氮杂环有机化合物，英文名称为 Melamine，化学名称为 2,4,6- 三氨基 -1,3,5- 三嗪，俗称三聚酰胺，分子式为 $C_3H_6N_6$，分子量 126.12，化学结构式如图 5—1—1 所示。

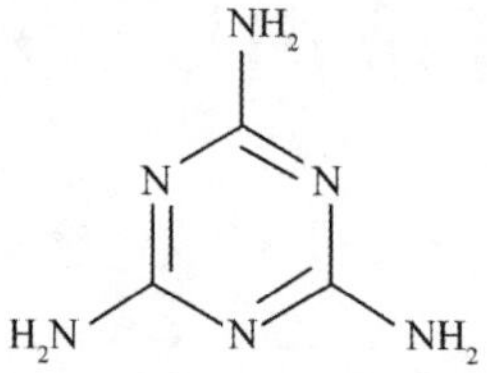

图 5—1—1　三聚氰胺化学结构式

三聚氰胺是一种纯白色单斜棱晶体，几乎无味，可溶于甲醇、甲醛、甲酸和甘油等，微溶于水，不溶于丙酮、醚类。三聚氰胺呈弱碱性（pH 值约为 8），遇强酸或强碱水溶液水解，最终生成三聚氰酸；不可燃，常温下性质稳定。三聚氰胺是重要的氮杂环有机化工原料，可用于塑料及涂料工业，是制造三聚氰胺—甲醛树脂（密胺塑料）的主要原料。三聚氰胺也可与甲醛、丁醇一同作为原料制备 582 三聚氰胺树脂，用作溶剂型聚氨酯涂料的流平剂。三聚氰胺还可与乙醚配合作纸张处理剂，在一些涂料中作交联剂，以及阻燃化学处理剂等。

因为三聚氰胺是一种非食用化工原料，按照国家规定严禁将其添加到食品和饲料中，因此原未设定残留标准限制。三鹿问题奶粉事件爆发后，卫生部、工信部、农业部、国家工商行政管理总局和国家质检总局联合发布公告，制定三聚氰胺在乳及乳制品中的临时限量值：①婴幼儿配方乳粉中三聚氰胺的限量值为 1 ppm（mg/kg），高于 1 ppm 的产品一律不得销售；②液态奶（包括原料乳）、奶粉、其他配方乳粉中三聚氰胺的限量值为 2.5 ppm，高于 2.5 ppm 的产品一律不得销售；③含乳 15% 以上的其他食品中三聚氰胺的限量值为 2.5 ppm，高于 2.5 ppm 的产品一律不得销售。

二、三聚氰胺的危害

三聚氰胺急性与蓄积性毒性试验研究表明：三聚氰胺属于有毒化学物质。小鼠染毒14 h后出现明显的临床症状，主要表现为精神萎靡、食欲不振、呼吸困难、静卧及抽搐等，而且随着剂量的增加，症状出现得越早也越严重，且对肾、肝、脾组织的毒性最大。由于三聚氰胺在人体内呈弱碱性，可与体内的代谢产物尿酸结合形成尿酸胺，当尿液浓缩或尿液偏酸时，尿酸胺可析出成为小结晶或结石，长期摄入含有三聚氰胺的食品会对生殖、泌尿系统造成损害，形成膀胱、肾部结石，并可进一步诱发膀胱癌。而婴幼儿由于饮水量不足及肾功能发育不全，对三聚氰胺的敏感性明显高于成人。

三、外标法简介

外标法是色谱分析中一种常用的定量方法，是将对照物质和样品中待测组分的响应信号相比较进行定量的方法。外标物与被测组分同为一种物质，但要求它有一定的纯度，分析时外标物的浓度应与被测物浓度相接近，以利于定量分析的准确性。外标法的精确度主要取决于对操作条件的控制，样品分析的操作条件需严格控制，保证与绘制标准曲线时的条件相同。

四、高效液相色谱法检测三聚氰胺的原理

试样用三氯乙酸—乙腈溶液提取，去除蛋白质及脂肪等杂质，提取液离心后经活化好的混合型阳离子交换固相萃取柱（SPE），结合在柱上的目标物通过氨化甲醇洗脱下来，洗脱液用氮气吹干后用流动相定容，采用高效液相色谱（HPLC）测定，外标法定量。

【任务实施】

操作流程如下：

试剂准备→样品制备与提取→净化→高效液相色谱检测→结果计算。

1. 实验准备

图示	试剂与设备	说明
	试剂：甲醇（色谱纯）、乙腈（色谱纯）、辛烷磺酸钠（色谱纯）、三氯乙酸（分析纯）、柠檬酸（分析纯）、氨水（含量为25%～28%）	上机使用试剂药品均为色谱纯，其余为分析纯
	标准品：三聚氰胺（Melamine）	纯度≥99.0%
	仪器：高效液相色谱（HPLC）仪（配有紫外检测器或二极管阵列检测器）、固相萃取装置、超声波清洗器、氮吹仪、涡旋混合器、分析天平、pH计、离心机、50 mL具塞塑料离心管、定性滤纸、微孔有机滤膜（0.22 μm）	

2. 试剂配制

试剂	操作步骤	说明
甲醇水溶液	准确量取50 mL甲醇和50 mL水，混匀后备用	
1%三氯乙酸溶液	准确称取10 g三氯乙酸于100 mL烧杯中加水溶解，冷却至室温后，转移至1 L容量瓶中，定容至刻度，混匀后备用	
5%氨化甲醇溶液	准确量取5 mL氨水和95 mL甲醇，混匀后备用	需在通风橱内配置

试剂	操作步骤	说明
离子对试剂缓冲液	准确称取 2.10 g 柠檬酸和 2.16 g 辛烷磺酸钠，加入约 980 mL 水溶解，调节 pH 值至 3.0 后，定容至 1 L，备用	分别称量后混合
三聚氰胺标准储备液	准确称取 100 mg 三聚氰胺标准品，于 50 mL 烧杯中加少量甲醇水溶液溶解，然后转移至 100 mL 容量瓶中，用甲醇水溶液定容至刻度	精确到 0.1 mg 配制成浓度为 1 mg/mL 的标准储备液，于 4 ℃避光保存
混合型阳离子交换固相萃取柱	基质为苯磺酸化的聚苯乙烯 - 二乙烯基苯高聚物，60 mg，3 mL，或相当者	使用前依次用 3 mL 甲醇、5 mL 水活化

3. 样品的制备与提取

图示	操作步骤	说明
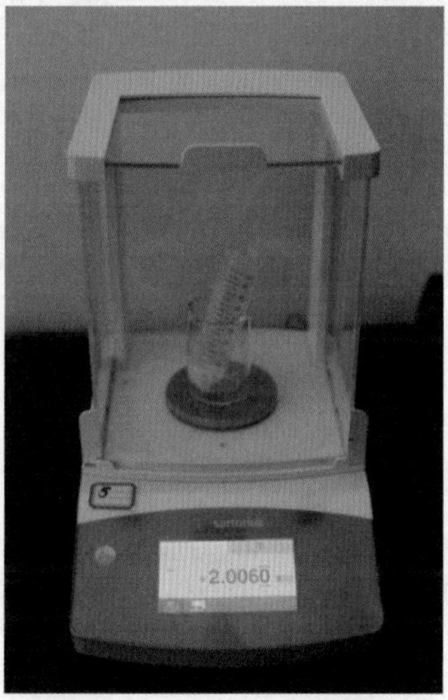	（1）称取 2.00 g 牛奶，置于 50 mL 具塞塑料离心管中	精确到 0.01 g 注意取样的均一性和代表性，取样前摇晃均匀
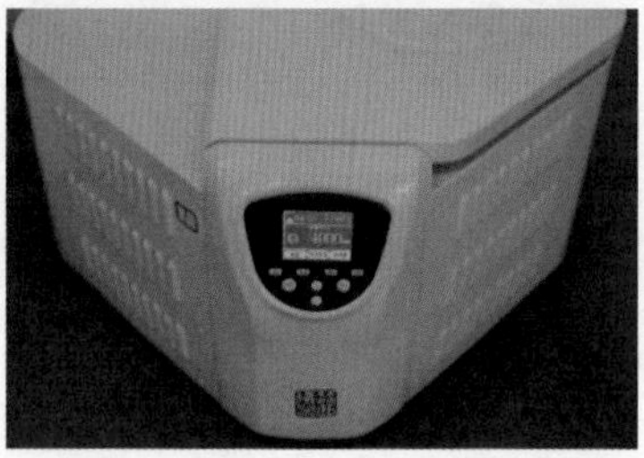	（2）加入 15 mL 1% 的三氯乙酸和 5 mL 乙腈，超声提取 10 min，再振荡提取 10 min 后，以不低于 4 000 r/min 的速度离心 10 min	操作过程中防止样品受到污染，离心时注意配平，防止离心机损坏

续表

图示	操作步骤	说明
	（3）上清液经1%三氯乙酸溶液湿润的滤纸过滤后，用1%三氯乙酸溶液定容至25 mL，静置片刻后，移取5 mL滤液，加入5 mL水混匀后做待净化液	取得样品应尽快检测

注：①巴氏杀菌乳、调制乳、奶浆、稀奶油、奶粉、酸奶、冰淇淋和奶糖等样品的制备、储存与超高温灭菌乳相同；

②干酪等样品的制备与储存的具体步骤为：称取2 g（精确到0.01 g）试样于研钵中，研磨成泥状，转移至50 mL具塞塑料离心管中，加入15 mL三氯乙酸和5 mL乙腈，超声提取10 min，再振荡提取10 min后，以不低于4 000 r/min的速度离心10 min。上清液经三氯乙酸溶液湿润的滤纸过滤后，用三氯乙酸溶液定容至25 mL，移取5 mL滤液，加入5 mL水混匀后做待净化液。

4. 固相萃取

图示	操作步骤	说明
	（1）依次用3 mL甲醇、5 mL水活化固相萃取柱，控制速度，避免流干	
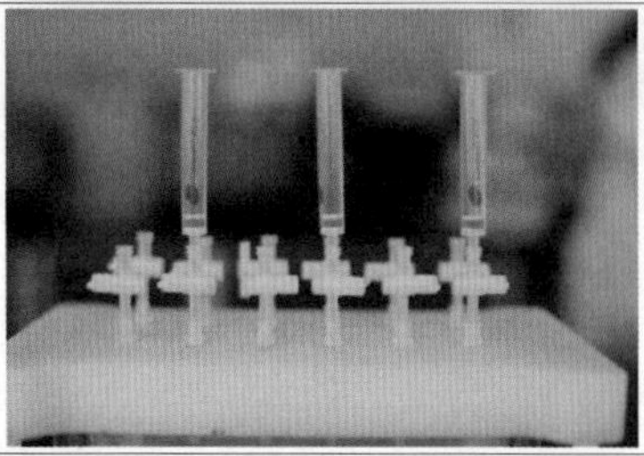	（2）将上述待净化液转移至活化好的固相萃取柱中，待样品全部通过固相萃取柱后，依次用3 mL水、3 mL甲醇洗涤，抽至近干	注意控制流速在1 mL/min左右

续表

图示	操作步骤	说明
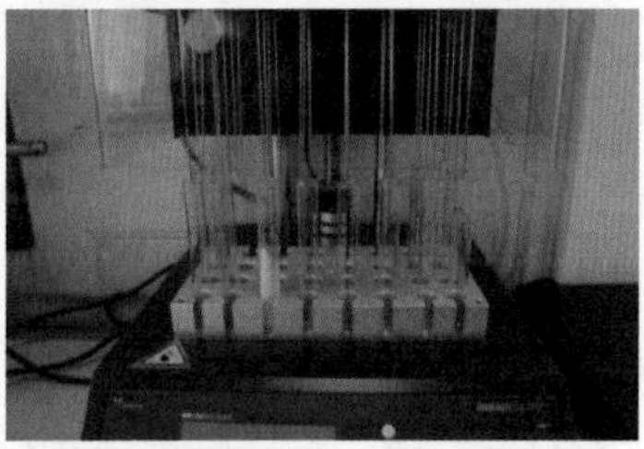	（3）用 6 mL 氨化甲醇液洗脱。整个固相萃取过程流速不超过 1 mL/min。洗脱液于 50 ℃下用氮气吹干	氮吹仪的针使用前分别用水及 75% 酒精清洗，拭干
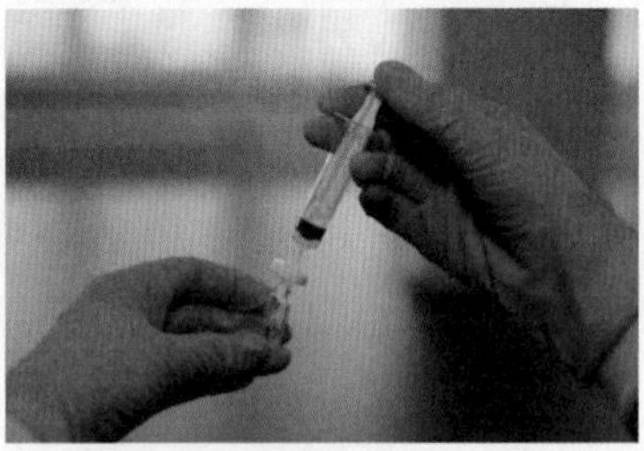	（4）残留物用 1 mL 流动相定容，涡旋混合 1 min，过 0.22 μm 微孔滤膜后，供 HPLC 测定，相当于 0.4 g 样品	如果进样器为自动进样器，请选择最大回收样品瓶，以防进样针吸不到样品

5. 标准曲线的绘制

以峰面积—浓度作图，绘制三聚氰胺标准曲线，求出 a 和 b，得到标准曲线回归方程 $y=ax+b$。

6. 液相色谱检测

图示	操作步骤	说明
	（1）开机准备：将甲醇、乙腈分别通过 0.45 μm 微孔有机滤膜，离子对试剂缓冲液过水相膜对抽滤后的流动相进行超声脱气 10 min	甲醇、乙腈用有机相滤膜；流动相用水相滤膜

续表

图示	操作步骤	说明
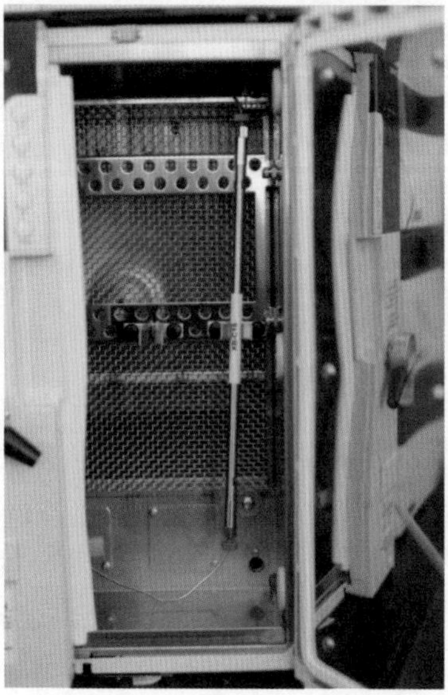	（2）检查连接线路，连接好色谱柱： C18柱，250 mm×4.6 mm（I，d），5 μm 流动相： C18柱，离子对试剂缓冲液—乙腈，混匀（90+10，体积比）	注意色谱柱的方向，首次使用时上端放空，待流动相流出后再连接上端，注意不要漏液
	（3）开机：接通电源，依次开启不间断电源、色谱泵和检测器，待泵和检测器自检结束后，打开电脑显示器、主机，最后打开色谱工作站	
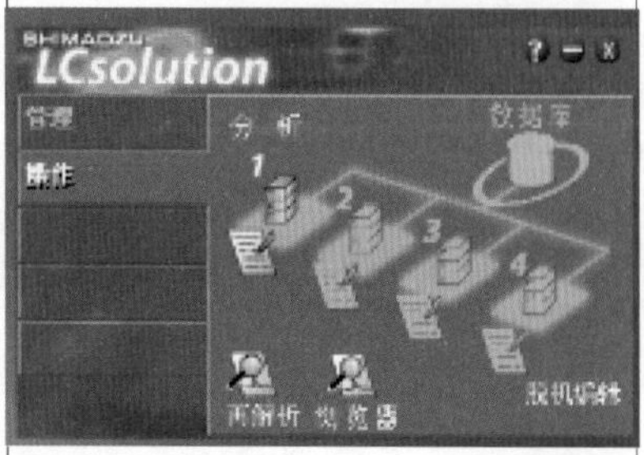	（4）选择在线系统，进入软件系统，此时系统自动连接仪器	

续表

图示	操作步骤	说明
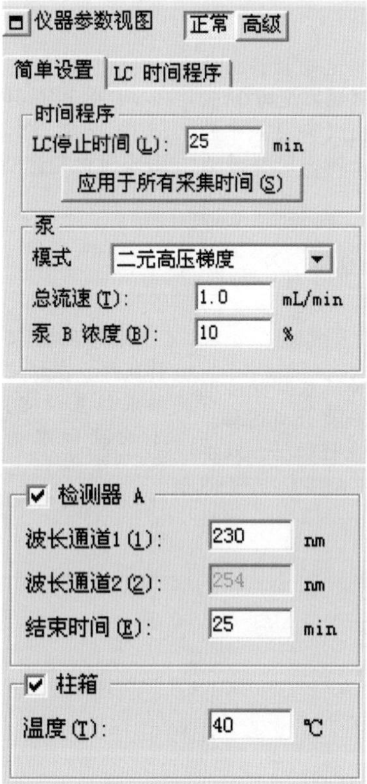 ☐ 仪器参数视图　正常 高级 简单设置 ┃ LC 时间程序 ┃ 时间程序 LC停止时间(L): 25 min 应用于所有采集时间(S) 泵 模式 二元高压梯度 ▼ 总流速(T): 1.0 mL/min 泵 B 浓度(B): 10 % ☑ 检测器 A 波长通道1(1): 230 nm 波长通道2(2): 254 nm 结束时间(E): 25 min ☑ 柱箱 温度(T): 40 ℃	（5）在主界面设置参数：流速 1.0 mL/min、柱温 40 ℃、进样量 20μL、检测波长 240nm	
 下载	（6）运行：在仪器控制栏中更改方法，将方法另存后，单击"下载"按钮，发送方法到仪器	样品放置妥当后方可运行序列，如果进样时找不到进样瓶，系统会报警
	（7）进样：选择功能选择栏中的序列进样，单击进入序列进样设置向导，出现设置界面，按图中标注设置序列参数，完成后点击下一步，进入下一界面，最后单击完成，结束向导设置。设置结束，将序列表另存后，待基线平稳即可进样	在序列运行当中如需对未运行序列表项目进行修改、添加，可按 [Pause/Restart] 按钮暂停序列，待修改结束后再按一次，序列即可恢复运行

续表

图示	操作步骤	说明
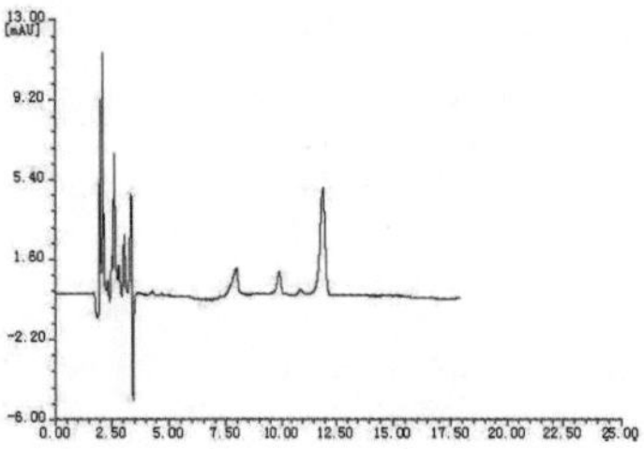	（8）标准样品检测：用流动相将三聚氰胺标准储备液逐级稀释得到浓度为0.15、0.30、0.60、1.50、3.0μg/mL（即公式中的c）的标准工作液，进行检测，进样量为20μL，同时做空白实验	利用出峰时间进行定性，用峰面积定量
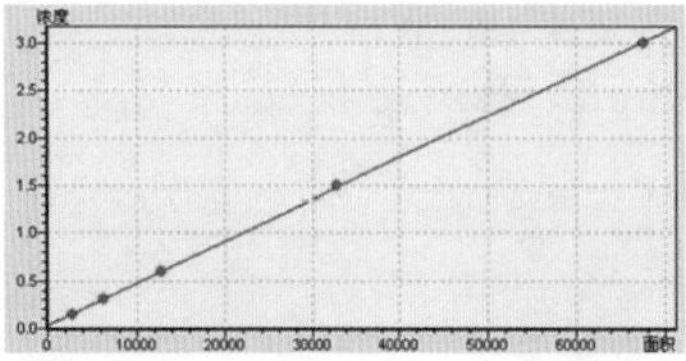	（9）数据处理：实验时记录紫外检测器的数据，单击左侧紫外数据分析图标，再按存盘路径找到记录的色谱数据，双击打开	打开仪器操作软件，在相应参数位置设定，先处理标准曲线，再将样品数据带入标曲进行计算
	（10）关机：用水＋乙腈（9∶1）的溶液清洗柱子1 h后，用纯甲醇封柱。在主窗口点击工具栏中的仪器关闭按钮，将仪器关闭，关闭计算机及仪器的电源开关。填写仪器使用记录，清理实验现场	注意废液不要溢出

7. 结果计算

试样中三聚氰胺的含量计算公式如下：

$$X = \frac{A \times c \times V \times 1000}{A_s \times m \times 1000} \times f$$

式中　X——试样中三聚氰胺的含量，mg/kg；

　　　A——试液中三聚氰胺的峰面积；

　　　c——标准溶液中三聚氰胺的浓度，μg/mL；

　　　V——样液最终定容体积，mL；

　　　A_s——标准溶液中三聚氰胺的峰面积；

　　　m　试样的质量；

　　　f——稀释倍数。

【考核评价】

素质	内容		评价		
	学习目标	评价项目	个人评价（20%）	小组评价（30%）	教师评价（50%）
知识能力（20分）	应知	1.知道三聚氰胺非法添加的原因 2.知道三聚氰胺残留的危害 3.知道检测乳及乳制品中三聚氰胺的方法及检测原理			
专业能力（60分）	试剂配制及仪器准备（10分）	1.试剂的配制准确 2.仪器的准备正确			
	样品的处理（10分）	1.样品的采集符合标准 2.样品的制备动作熟练 3.样品预处理符合要求			
	样品的测定（30分）	1.能用液相色谱法对牛奶中三聚氰胺进行检测 2.能熟练使用高效液相色谱仪，且操作规范 3.能对高效液相色谱仪进行简单的维护 4.能对检验结果进行初步分析 5.结果记录真实，字迹工整，报告规范			
	遵守安全、卫生要求（10分）	1.遵守实验室安全规范 2.遵守实验室卫生规范			

续表

素质	内容		评价		
	学习目标	评价项目	个人评价（20%）	小组评价（30%）	教师评价（50%）
通用能力（10分）	动作协调能力（5分）	动作标准、仪器操作熟练			
	与人合作能力（5分）	能与同学互相配合，团结互助			
态度（10分）	认真、细致、勤劳	整个实验过程认真、仔细、勤劳			
小计					
总分					

【思考与练习】

1. 三聚氰胺对人体有哪些危害？敏感性较高的是哪些人？

2. 在食品中三聚氰胺含量的测定中，样品的提取与净化需要注意哪些问题？

3. 国家标准中对液态奶及婴幼儿乳粉的三聚氰胺限量值分别为多少？

任务2 生乳中有机氯农药残留量的检测

>>> 【学习目标】

1. 了解生乳中有机氯农药残留的种类及危害。

2. 学会检测生乳中有机氯农药的残留量。

【任务引入】

有机氯农药具有化学性质稳定、易于在生物体内蓄积且在环境中半衰期较长等特点，属于神经及实质脏器毒物，具有慢性和潜在的毒性作用，可致癌，是典型的持久性有机污染物。尽管早在 20 世纪 80 年代初我国就已经禁止生产使用六六六和滴滴涕农药，但是由于过去几十年来，我国曾长期大面积使用这类农药，不仅农、林、畜产品受到严重的残留污染，而且残留在土壤、水中的农药也很容易迁移到植物当中，再通过食物链进行富集，进而影响人类健康。因此，目前该类化合物仍然为我国食品中农药残留的主要检测品种。根据《食品安全国家标准　食品中农药最大残留限量》（GB 2763—2016）要求，生鲜乳中需检测六六六、滴滴涕、艾氏剂、狄氏剂、氯丹、七氯及硫丹等，以保障乳制品的质量安全。

【任务分析】

有机氯农药和拟除虫菊酯类农药残留量测定目前广泛使用薄层色谱法和气相色谱法。薄层色谱法设备简单且较易推广使用，可满足半定量的检测要求；气相色谱法分离效果好，快速且灵敏度高，是较好的定性、定量测定方法。本任务选用《食品中有机氯农药多组分残留量的测定》（GB/T 5009.19—2008）中规定的方法进行检测。

【相关知识】

一、有机氯农药的结构和理化性质

有机氯农药是一类含氯有机化合物，一般分为两大类：一类是氯化苯及其衍生物，包括六六六和滴滴涕等；另一类为氯化烃，如七氯、氯丹、艾氏剂、狄氏剂、异狄氏剂与毒杀芬，具有广谱杀虫效果，高效、廉价，自 20 世纪 40 年代起曾被广泛使用，尤以六六六和滴滴涕最为知名，但这类农药性质比较稳定，不易降解、残效期长、积累浓度大，属高残留农药，目前已被许多国家禁用，我国已于 1983 年起停止生产使用。

我国生乳中有机氯农药的允许量标准见表 5—2—1。

表 5—2—1　　　　　　　我国生乳中有机氯农药的允许量标准　　　　　　　mg/kg

种类	六六六
六六六（包括 α-六六六、β-六六六、γ-六六六、δ-六六六）	≤ 0.02
滴滴涕（包括 p,p'-DDD、p, p'-DDE、o, p'-DDT、p, p'-DDT）	≤ 0.02
艾氏剂	≤ 0.006
狄氏剂	≤ 0.006
氯丹（包括氧氯丹、顺-氯丹、反-氯丹）	≤ 0.002
七氯（包括七氯、环氧七氯 A、环氧七氯 B）	≤ 0.006
硫丹（包括 α-硫丹、β-硫丹、硫丹硫酸酯）	≤ 0.01

二、有机氯农药的危害

有机氯农药属中等毒性，急性中毒有头晕、头痛、腹痛、视力模糊、恶心呕吐及四肢无力等症状，严重者可见大汗、共济失调、抽搐、昏迷等症状，并伴有中枢神经发热及肝、肾损害等。慢性中毒主要是对肝、肾等器官有损害，常表现为神经衰弱综合征，人若长期接触可出现恶心、头痛、体重下降及易疲劳等症状，部分患者还会出现多发性神经病及中毒性肝病。

三、有机氯农药残留量的测定原理

GB/T5009.19—2008 中，有机氯农药残留量的测定原理规定为：试样中多种有机氯农药经有机溶剂提取、净化后用气相色谱法测定，结果与标准比较定量。电子捕获检测器对于负电极强的化合物具有极高的灵敏度，可分别测出痕量的六六六、滴滴涕、艾氏剂、狄氏剂、硫丹、七氯及氯丹等，其不同异构体和代谢物也可同时分别测定。

【任务实施】

具体操作流程如下：

实验准备→试剂配制→样品制备→提取→净化→气相色谱法测定→结果计算。

1. 实验准备

图示	试剂与设备	说明
	试剂：丙酮（重蒸）、正己烷（色谱纯）、NaCl（140 ℃烘烤 4 h）、蒸馏水、固相萃取剂弗罗里硅柱（Florisil）（容积 6 mL，填充物 1 000 mg）	除正己烷（色谱纯）外，其他试剂均为分析纯
	农药标准品：α-六六六、β-六六六、γ-六六六、δ-六六六、p, p'-DDD、p, p'-DDE、o, p'-DDT、p, p'-DDT、狄氏剂、艾氏剂、氧氯丹、顺-氯丹、反-氯丹、α-硫丹、β-硫丹、硫丹硫酸酯、七氯、环氧七氯A、环氧七氯B，共 19 种物质	纯度 >99%，购自国家标准物质中心

图示	试剂与设备	说明
	气相色谱仪（配有双电子捕获检测器 ECD、自动进样器，毛细管石英色谱柱）、超声波清洗仪、离心机、漩涡混合器、氮吹仪	

2. 试剂配制

试剂	操作步骤	说明
19种有机氯农药标准储备液	准确吸取一定量的有机氯农药混合标准品，用正己烷稀释，配制成 1 000 mg/L 的混合农药标准储备液	储存在 -4 ℃冰箱中，使用时吸取适量的标准储备液，用正己烷稀释配制成所需的标准工作液
有机氯农药混合标准工作液	精密吸取19种有机氯农药混合标准储备液，逐级稀释至10、20、30、40、50 μg/L 的标准工作液	

3. 样品的制备与提取

图示	操作步骤	说明
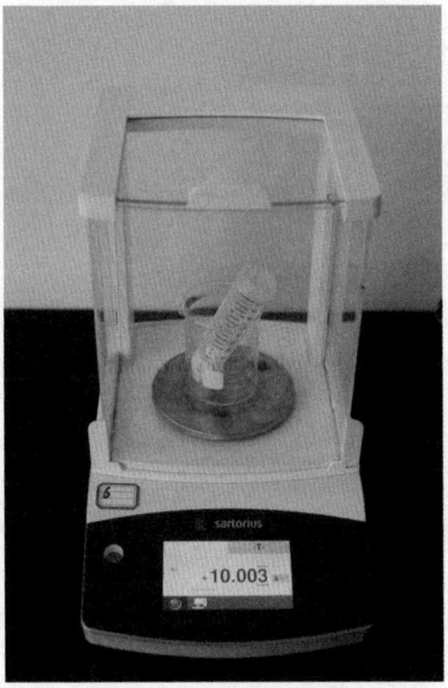	（1）称取 10.00 g 生乳，置于 50 mL 具塞塑料离心管中	精确到 0.01 g　注意取样的均一性和代表性，取样前摇晃均匀

续表

图示	操作步骤	说明
	（2）加入 15 mL 正己烷和 5 mL 丙酮、2 g 氯化钠，涡旋混匀后，超声提取 10 min，以 4 200 r/min 离心 5 min	操作过程中防止样品受到污染，离心时注意配平，防止离心机损坏

4. 净化

图示	操作步骤	说明
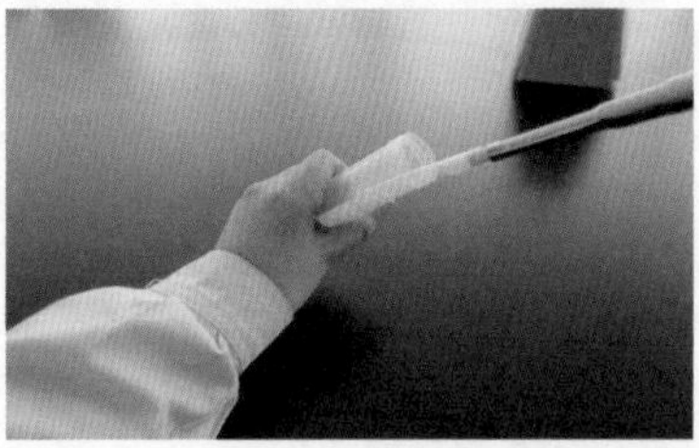	（1）从 50 mL 具塞离心管中吸取 10 mL 上清液，作为待净化液	
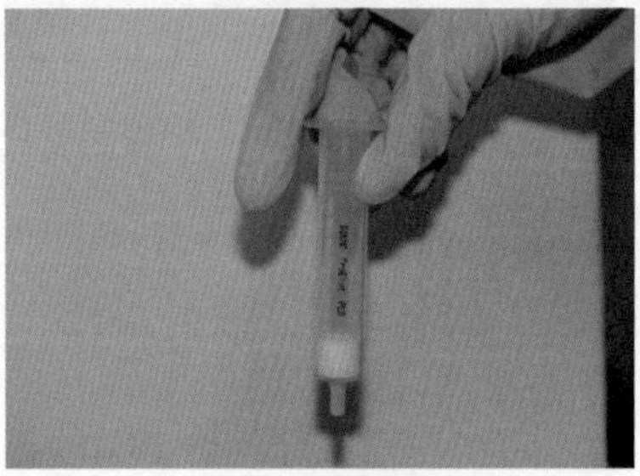	（2）将弗罗里硅柱用 5.0 mL 丙酮＋正己烷（10+90）、5.0 mL 正己烷预淋条件化，当溶液面到达硅柱吸附层表面时，立即倒入样品溶液，用 15 mL 刻度离心管接收洗脱液，用 5 mL 丙酮＋正己烷（10+90）刷洗烧杯后淋洗弗罗里硅柱，并重复一次	
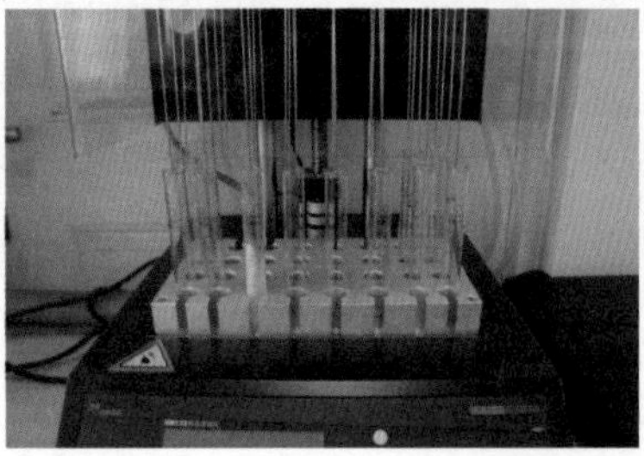	（3）将盛有淋洗液的离心管置于氮吹仪上，在水浴温度 50 ℃条件下，氮吹蒸发至干燥，用正己烷准确定容至 5.0 mL，在漩涡混合器上混匀	

续表

图示	操作步骤	说明
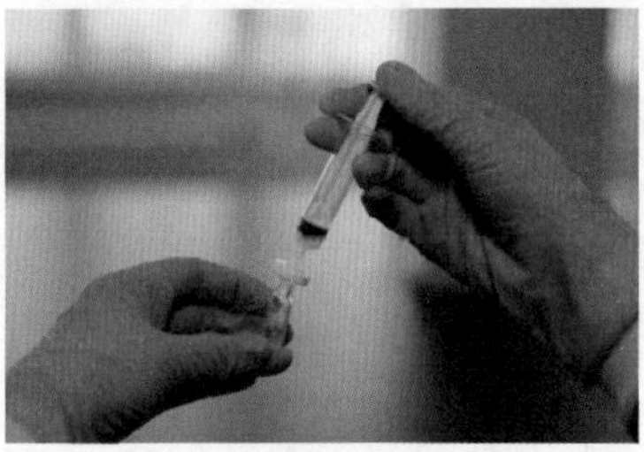	（4）样品使用注射式过滤器过 0.22 μm 有机滤膜，然后分别移入 2 mL 自动进样器样品瓶中，待测	

5. 气相色谱测定

图示	操作步骤	说明
	（1）打开氮气气瓶的阀门，调整输出压力稳定在 0.4 MPa 左右	用小扳手打开，并调节输出压力
	（2）色谱柱：DB-35MS UI 石英毛细管柱，长 30 m，内径 250 μm，固定相：25% 苯基 -75% 聚甲基硅氧烷，膜厚 0.25 μm	
	（3）观察气相色谱仪载气的柱前压力上升并稳定大约 5 min 后，打开气相色谱仪的电源开关，仪器自检后打开软件进行后续操作	开机前确保氮气阀门已打开，再开计算机及仪器

续表

图示	操作步骤	说明
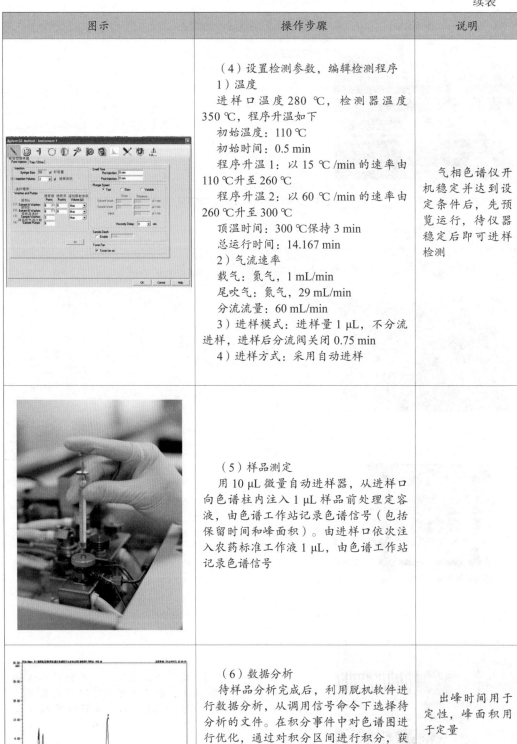	（4）设置检测参数，编辑检测程序 1）温度 进样口温度280 ℃，检测器温度350 ℃，程序升温如下 初始温度：110 ℃ 初始时间：0.5 min 程序升温1：以15 ℃/min的速率由110 ℃升至260 ℃ 程序升温2：以60 ℃/min的速率由260 ℃升至300 ℃ 顶温时间：300 ℃保持3 min 总运行时间：14.167 min 2）气流速率 载气：氮气，1 mL/min 尾吹气：氮气，29 mL/min 分流流量：60 mL/min 3）进样模式：进样量1 μL，不分流进样，进样后分流阀关闭0.75 min 4）进样方式：采用自动进样	气相色谱仪开机稳定并达到设定条件后，先预览运行，待仪器稳定后即可进样检测
	（5）样品测定 用10 μL微量自动进样器，从进样口向色谱柱内注入1 μL样品前处理定容液，由色谱工作站记录色谱信号（包括保留时间和峰面积）。由进样口依次注入农药标准工作液1 μL，由色谱工作站记录色谱信号	
	（6）数据分析 待样品分析完成后，利用脱机软件进行数据分析，从调用信号命令下选择待分析的文件。在积分事件中对色谱图进行优化，通过对积分区间进行积分，获得色谱图的出峰时间和峰面积	出峰时间用于定性，峰面积用于定量

续表

图示	操作步骤	说明
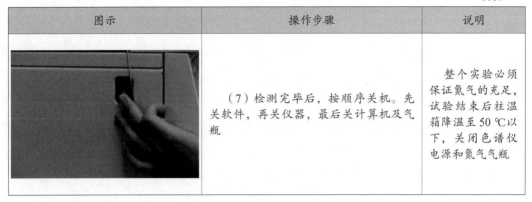	（7）检测完毕后，按顺序关机。先关软件，再关仪器，最后关计算机及气瓶	整个实验必须保证氮气的充足，试验结束后柱温箱降温至 50 ℃以下，关闭色谱仪电源和氮气气瓶

6. 结果计算

将样品色谱峰的保留时间与农药标准的保留时间比较，从而判断样品中是否含有该种农药残留。有机氯农药混合标准溶液色谱图如图 5—2—1 所示。根据标样绘制标准曲线（线性相关系数 R > 0.999）。

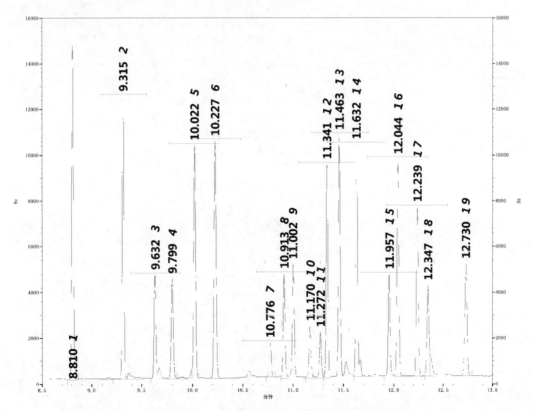

图 5—2—1　有机氯农药混合标准溶液色谱图

图中：1—α-六六六　2—γ-六六六　3—β-六六六　4—七氯　5—δ-六六六　6—艾氏剂　7—氧氯丹　8—环氧七氯 A　9—环氧七氯 B　10—反-氯丹　11—顺-氯丹　12—α-硫丹　13—p,p'-DDE　14—狄氏剂　15—o,p'-DDT　16—p,p'-DDD　17—β-硫丹　18—p,p'-DDT　19—硫丹硫酸酯

样品中被测农药残留量以质量分数 ω 计，用 mg/kg 表示，计算公式如下：

$$\omega = \frac{V_1 \times A \times V_3}{V_2 \times A_3 \times m} \times \Psi$$

式中　　Ψ——农药标准使用液中农药的含量，mg/L；

　　　　V_1——提取溶剂的总体积，mL；

　　　　V_2——吸取出用于检测的提取溶液的体积，mL；

　　　　V_3——样品定容体积，mL；

　　　　A——样品中被测农药的色谱峰面积；

　　　　A_3——农药标准溶液中被测农药的色谱峰面积；

　　　　m——样品的质量，g。

按照规定出具相应的实验报告。该方法的检出限在 0.000 1 ～ 0.001 mg/Kg。

【考核评价】

素质	内容		评价		
	学习目标	评价项目	个人评价（20%）	小组评价（30%）	教师评价（50%）
知识能力（20分）	应知	1.知道生乳中有机氯农药残留的原因 2.知道有机氯农药残留的危害 3.知道有机氯农药残留的检测方法及检测原理			
专业能力（60分）	样品的处理（20分）	1.样品取样与制备符合标准 2.样品提取动作熟练，提取完全 3.样品净化符合要求			
	样品的测定（30分）	1.能用气相色谱法对生乳中19种有机氯农药残留进行检测 2.能熟练使用气相色谱仪（配ECD检测器），操作规范熟练 3.能对检测结果进行初步分析 4.结果记录真实，字迹工整，报告规范			
	遵守安全、卫生要求（10分）	1.遵守实验室安全规范 2.遵守实验室卫生规范			

续表

素质	内容		评价		
	学习目标	评价项目	个人评价（20%）	小组评价（30%）	教师评价（50%）
通用能力（10分）	动作协调能力（5分）	动作标准、仪器操作熟练			
	与人合作能力（5分）	能与同学互相配合，团结互助			
态度（10分）	认真、细致、勤劳	整个实验过程认真、仔细、勤劳			
小计					
总分					

【思考与练习】

1.《食品安全国家标准 食品中农药最大残留限量》（GB 2763—2016）中对生乳限定的有机氯农药分别都有哪些？限量值分别为多少？

2.有机氯农药残留对人体有哪些危害？

3.通过课外上网等方式查找资料，了解目前对于有机氯农药残留的检测方法还有哪些。

4.检测当地产生乳中的有机氯农药残留量并写出实验报告。

任务3　乳及乳制品中重金属铅、铬含量的检测

≫≫【学习目标】

1.了解乳及乳制品中铅、铬的残留来源及危害。

2.熟悉原子吸收分光光度计（石墨炉原子化器）的工作原理，学会使用其检测乳及乳制品中铅、铬的含量。

【任务引入】

近年来，食品安全引发的灾难性事件层出不穷，食品安全现已成为关系到我国人民身体健康和社会稳定的重要因素。随着现代工业的发展，尤其是第二次世界大战以后科技的进步与生产工具的改进，重金属随着需求量的增加而不断扩大开采，以满足农业、化工、机械加工及冶金等领域的需求，这些金属虽然改善了人类的生活，但也将大量重金属如汞、铅、铬、镉、砷等引入了生物圈，造成重金属的污染。重金属是无法自然降解的，只可能从形态上进行转化，虽然化学形态的不同使得重金属的毒性有所差异，但随着日益积累，即便是极其微量的摄入，也会对人体健康造成严重影响，导致细胞癌变或畸形，使得人体中的细胞和肝脏等产生不可逆的损坏。根据《食品安全国家标准 食品中污染物限量》（GB 2762—2017）要求，乳及乳制品必须检测铅、铬、汞、砷四种重金属的含量，以保障乳制品的质量安全。

【任务分析】

重金属元素的检测属于痕量的组分分析，其分析要求特异性强、灵敏度高，但由于食品中的干扰因素较多、重金属元素存在形式多样化、不同元素的检测条件也存在较大差异，因此在分析前需要采用适当的方法进行样品前处理，可以有效提取、分离待测元素，再利用适宜的分析方法来测定元素。目前，重金属前处理方法包括干法消解、湿法消解、高压闷罐法及微波消解等，而检测方法主要包括快速显色法、原子吸收分光光度法（AAS）、原子荧光分光光度法（AFS）及电感耦合等离子检测法（ICP-MS）等。本任务选用《食品中铅的测定》（GB 5009.12—2010）和《食品中铬的测定》（GB 5009.123—2004）中规定的方法对乳制品中的铅、铬含量进行检测。

【相关知识】

一、食品中的重金属

重金属是指比重大于 4.5 以上的金属，如铅（Pb）、汞（Hg）、铬（Cr）、镍（Ni）、镉（Cd）、铜（Cu）等，食品中的重金属多以氧化态存在，含量极低，国家标准和食品安全相关法律法规多要求检测其中的铅、铬、镉、砷和汞等重金属元素含量。随着食品工业的发展，为了保持食品的感官口味以及延长食品储存期的考虑，会适量添加食品添加剂，但这样也会增加食品中重金属引入的可能性。比如食品添加剂的生产、制造过程，可能会引入亚硝酸盐、亚铁氰化钾和明矾等污染物，尤其某些食品，由于其特殊的加工工艺，非常容易受到重金属元素的污染。例如，松花蛋在生产过程中，会加入大量富含重金属元素的添加剂；而一些富含碱性的食品在金属容器中长时间的蒸煮，也会分离出一定的重金属元素，进而污染食品。人们食用污染的食品，将引发多方面的健康危害。

我国乳及乳制品中铅、铬的限量标准见表 5—3—1。

表 5—3—1　　　　　　　我国乳及乳制品中铅、铬的限量标准　　　　　　　mg/kg

种类	限量值
铅	≤ 0.05
铬	≤ 0.3

二、重金属的危害

引起食品污染的重金属主要是指生物毒性显著的铅、铬、镉、汞以及类金属砷等元素。重金属不能被生物所降解，相反却能在食物链的放大作用下，在人体中不断富集。进入人体的重金属与蛋白质及酶等会发生强烈的相互作用，使它们失去活性，也可在人体的某些器官中累积至慢性中毒。

铅具有蓄积性、多亲和性，对各个组织都有毒性作用，主要损害神经系统、造血系统、消化系统和肾脏功能，还会损伤人体免疫系统，导致机体免疫力下降，对婴幼儿和学龄前儿童的损害最大。铅可由呼吸道或消化道进入人体并在体内蓄积，引起慢性铅中毒。人体内的铅，其主要来源是食物、饮用水和空气等途径，儿童还可能通过吃非食品物件而接触铅。预防铅对人体产生危害的重要措施是控制人们从饮食中摄入，因而定制各类食品中铅的允许限量是十分必要的。

铬是自然界中存在广泛的一种元素，主要分布于土壤、岩石、大气、水及生物体中。自然界铬主要以三价和六价的形式存在。三价铬是人体必需的微量元素，可参与人和动物体内的糖与脂肪的代谢；六价铬则是明确的有害物质，可使人体血液中的某些蛋白质沉淀，引起贫血、肾炎及神经炎等多种疾病，可造成遗传性基因缺陷，经皮肤侵入时会产生皮炎和湿疹，长期、短期接触或吸入会有致癌危险。

乳中的重金属铅、铬污染主要来源有：乳制品加工、储存、运输过程中使用器皿的污染；使用含重金属的农药，如砷酸铅；环境污染，如工业"三废"的排放，大气中的粉尘，废弃物及重金属污染的水源，都可以直接或间接地污染乳及乳制品。

三、样品前处理方法

为了能将待测元素尽可能地全部提取出来，往往需要根据待测样品的物理、化学性质对其进行一系列操作，以便于检测。但在实际应用及操作过程中，往往由于样品的各种特性、实验环境、仪器性能状态以及人为操作误差等多种因素的综合影响，实验经常不能取得理想的效果。因此，适宜的前处理方法对重金属检测的准确度及精密度有很大影响。

1. 干灰化法

由于干灰化法所需的仪器设备较为简单，价格便宜且容易得到，能满足大部分实验室需求，所以重金属检测相关标准中将干灰化法作为前处理推荐方法之一。该方法主要操作过程是先将试样蒸干、炭化至无烟，然后在马弗炉里进行高温灰化。察看灰化后的状态，如不彻底，加入少许强酸后继续灰化，直到样品完全灰化后，冷却定容检测。但是，传统干灰化法消解耗时较长，操作烦琐，陶瓷坩埚的使用易造成污染；同时，在较高的温度下，极易造成部分待测元素挥发损失，导致测定结果偏低。

2. 分离富集法

由于食品样品中重金属元素含量非常低，有时不能达到方法的检出限，因此测定前必须对待测元素进行富集，以提高方法的灵敏度。比较常用的有离子交换、络合溶剂萃取及螯合树脂富集分离技术。我国国家标准中关于食品中 Pb、Cr、As、Hg、Cu、Zn 等元素的测定都使用络合溶剂萃取技术，主要采用双硫腙、二乙基二硫代氨基甲酸盐（DDDC）、KI 等试剂与金属元素形成络合物，再经 CCl_4，8-羟基喹啉等有机试剂萃取富集后测定。前处理时，样品需先经干灰化法或湿消解法等处理，再通过络合溶剂萃取技术有效地消除基体干扰，高效地提高方法的选择性和灵敏度。

3. 微波消解法

近十几年来，微波消解前处理技术是一种应用非常广泛的快速前处理技术，由于微波具有非常强的穿透能力，频率高，因此能够使被加热物料内部分子间产生剧烈振动和碰撞，进而导致加热物体内部的温度剧烈上升，即以"内加热"方式，取代了热能由表及里的传统"外加热"技术。微波消解法是在高温、高压条件下，容器中的试样、酸混合液通过微波加热，样品表面层和内部在不断搅动下破裂、溶解，从而达到快速、完全的消解目的。

四、石墨炉原子吸收法检测乳制品中铅、铬的原理

原子吸收光谱法是一种基于气态的基态原子外层电子，对紫外光及可见光范围相对应的原子共振辐射线的吸收强度来定量检测某一元素含量的分析方法，是 20 世纪 50 年代中期出现并逐渐发展起来的一种新型仪器分析方法，该方法主要应用于样品中微量及

痕量元素成分的分析。

试样经灰化或酸消解后作为待测液，注入原子吸收分光光度计的石墨炉中，电热原子化后吸收 283.3 nm（357.9 nm）共振线，在一定浓度范围内，其吸收值与铅（铬）含量成正比，与标准系列比较定量。

【任务实施】

具体操作流程如下：

实验准备→试剂配制→试样消解→原子吸收光谱法测定→结果计算。

1. 实验准备

图示	试剂与设备	说明
	试剂：硝酸（优级纯）、30% 过氧化氢（优级纯）、磷酸二氢铵（优级纯）	
	标准品：铅标准品（1 000 μg/mL）优级纯 铬标准品（1 000 μg/mL）优级纯	购自国家标准物质研究中心
	仪器：原子吸收分光光度计（附石墨炉及空心阴极灯）、恒温干燥箱、微波消解仪	所用玻璃仪器均以硝酸（1+5）浸泡过夜，用水反复冲洗，最后用去离子水冲洗干净

2. 试剂配制

试剂	操作步骤	说明
0.5 mol/L 硝酸	取 3.2 mL 硝酸加入 50 mL 水中，稀释到 100 mL	
20 g/L 磷酸二氢铵溶液	称取 2.0 g 磷酸二氢铵，加水溶解稀释到 100 mL	
铅标准工作液	吸取 1 μg/mL 铅标准液 250 μL 于 10 mL 容量瓶中，使用 0.5 mol/L 硝酸稀释至刻度，混匀。	
铬标准工作液	吸取 1 μg/mL 铬标准液 500 μL 于 10 mL 容量瓶中，使用 0.5 mol/L 硝酸稀释至刻度，混匀	
标准液梯度稀释	铅标样浓度：25 μg/L，标曲系列浓度：2、4、6、8、10 μg/kg 铬标样浓度：50 μg/L，标曲系列浓度：10、20、30、40、50 μg/kg	借助自动进样器自动稀释

3. 试样消解

图示	操作步骤	说明
	（1）称取 0.50 g 牛奶，垂直加入微波消解仪配置的聚四氟乙烯内罐中	精确到 0.01 g 注意取样的均一性和代表性，取样前摇晃均匀
	（2）向加完试样的消解罐中加入 4 mL 硝酸、1 mL 过氧化氢，盖好安全阀后，将消解罐放入微波消解系统中，功率 800 W 条件下 15 min 程序升温至 190 ℃，保持 25 min 至消解完全	操作过程中防止样品受到污染，微波消解时注意对称放置方式，避免微波消解仪损坏

续表

图示	操作步骤	说明
	（3）消解罐冷却后，用滴管将消化液洗入 25 mL 容量瓶中，用水少量多次洗涤消解罐，洗液合并于容量瓶中并定容至刻度，混匀备用	视消化液是否消解完全、消解液是否澄清透明，消解不完全不可上机操作。同时作试剂空白

注：本法采用微波消解法，微波消解升温程序见表 5—3—2，根据实验室条件，还可以选择干灰化法、湿消解法等其他方法。

表 5—3—2　　　　　　　　　　微波消解程序

步骤	目标温度（℃）	最大压力（bar）	升温时间（min）	保持时间（min）	功率（%）
1	165	30	5	10	50
2	190	30	5	20	80
3	50	30	10	0	0

4. 石墨炉原子吸收法检测

图示	操作方法	说明
	（1）开机调节气体压力在 0.3 ~ 0.5 MPa，开排风扇和冷却水	

续表

图示	操作方法	说明
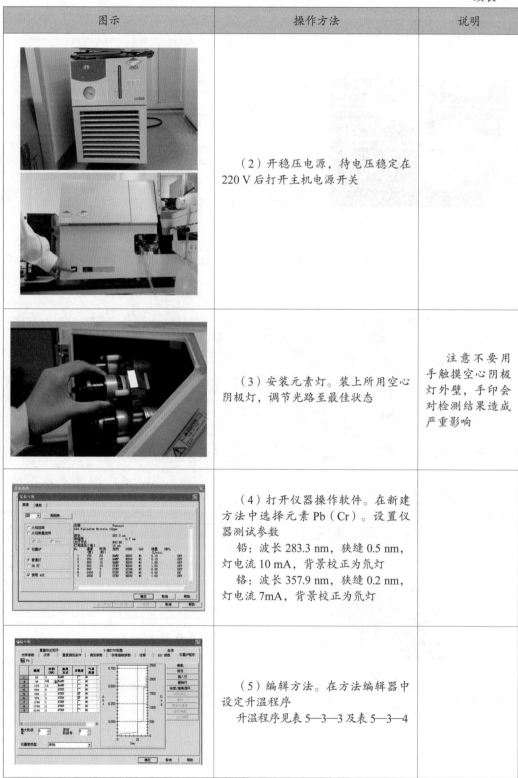	（2）开稳压电源，待电压稳定在220 V后打开主机电源开关	
	（3）安装元素灯。装上所用空心阴极灯，调节光路至最佳状态	注意不要用手触摸空心阴极灯外壁，手印会对检测结果造成严重影响
	（4）打开仪器操作软件。在新建方法中选择元素Pb（Cr）。设置仪器测试参数 铅：波长283.3 nm，狭缝0.5 nm，灯电流10 mA，背景校正为氘灯 铬：波长357.9 nm，狭缝0.2 nm，灯电流7mA，背景校正为氘灯	
	（5）编辑方法。在方法编辑器中设定升温程序 升温程序见表5—3—3及表5—3—4	

续表

图示	操作方法	说明
	（6）编辑进样顺序。将标准品、空白及待测样品按照一定顺序放入进样器，并设定顺序，输入样品信息。标样或样品进样体积 15 μL	
	（7）背景校正。在设置菜单下点击背景校正，背景校正为氘灯	扣除背景干扰
	（8）试样分析。在试样详细信息菜单下填写分析样品的详细信息，进行试样分析	

续表

图示	操作方法	说明
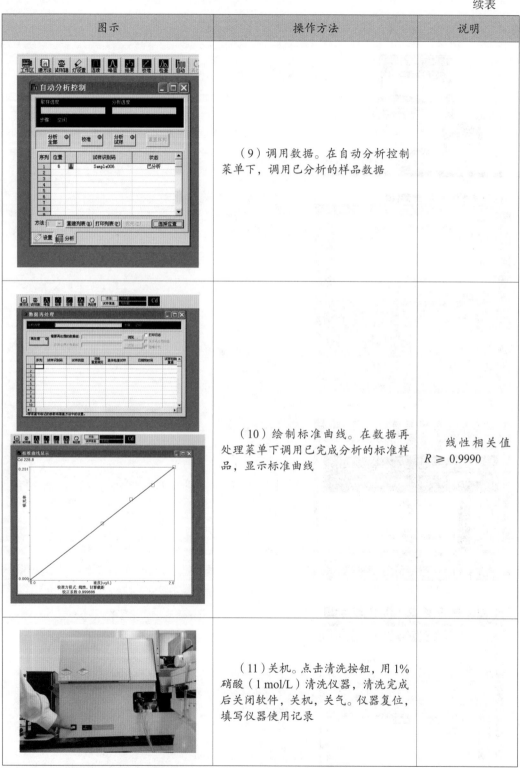	（9）调用数据。在自动分析控制菜单下，调用已分析的样品数据	
	（10）绘制标准曲线。在数据再处理菜单下调用已完成分析的标准样品，显示标准曲线	线性相关值 $R \geqslant 0.9990$
	（11）关机。点击清洗按钮，用1%硝酸（1 mol/L）清洗仪器，清洗完成后关闭软件，关机，关气。仪器复位，填写仪器使用记录	

注：对于有干扰试样，注入适量的基体改进剂——20 g/L磷酸二氢铵溶液（一般为 5 μL）消除干扰。

表5—3—3　　　　　　　　石墨炉原子吸收检测铅的升温程序

步骤	温度（℃）	时间（s）	流量（L/min）	升温模式
1	85	5.0	3.0	
2	95	40.0	3.0	
3	120	10.0	3.0	
4	500	5.0	3.0	
5	500	1.2	0.0	
6	500	2.0	0.0	STEP
7	1 700	1.0	0.0	RAMP
8	1 700	2 .0	0.0	RAMP
9	2 100	2.0	3.0	STEP

表5—3—4　　　　　　　　石墨炉原子吸收检测铬的升温程序

步骤	温度（℃）	时间（s）	流量（L/min）	升温模式
1	85	5.0	3.0	
2	95	40.0	3.0	
3	120	10.0	3.0	
4	800	5.0	3.0	
5	800	1.0	3.0	
6	800	2.0	0.0	STEP
7	2 300	1.0	0.0	RAMP
8	2 300	2 .0	0.0	RAMP
9	2 600	2.0	3.0	STEP

5. 结果计算

在相同条件下测得样品及空白的吸光度，利用标准曲线求得样品及空白的铅（铬）含量A_1、A_2代入下式：

$$X = \frac{(A_1 - A_2) \times V \times 1\,000}{m \times 1\,000}$$

式中　X——试样中铅（铬）含量，μg/kg 或 μg/L；

　　　A_1——测定试样消化液中铅（铬）含量，ng/mL；

　　　A_2——空白液中铅（铬）含量，ng/mL；

　　　V——试样消化液总体积，mL；

m——试样质量或体积，g 或 mL。

按照规定出具相应的实验报告（计算结果保留两位有效数字）。

【考核评价】

素质	内容		评价		
	学习目标	评价项目	个人评价（20%）	小组评价（30%）	教师评价（50%）
知识能力（20分）	应知	1.知道乳及乳制品中铅（铬）污染的原因 2.知道乳及乳制品中铅（铬）污染的危害 3.知道乳及乳制品中铅（铬）的检测方法及检测原理			
专业能力（60分）	试剂配制及仪器准备（10分）	1.试剂的配制准确 2.仪器的准备正确			
	样品的处理（10分）	1.样品的采集符合标准 2.样品的制备动作熟练 3.样品预处理和消解动作熟练			
	样品的测定（30分）	1.能用石墨炉原子吸收法对乳及乳制品中的铅（铬）进行检测 2.能熟练使用原子吸收分光光度计（配石墨炉检测器），操作规范熟练 3.能对原子吸收分光光度计进行简单的维护 4.能对检测结果进行初步分析 5.结果记录真实，字迹工整，报告规范			
	遵守安全、卫生要求（10分）	1.遵守实验室安全规范 2.遵守实验室卫生规范			
通用能力（10分）	动作协调能力（5分）	动作标准、仪器操作熟练			
	与人合作能力（5分）	能与同学互相配合，团结互助			
态度（10分）	认真、细致、勤劳	整个实验过程认真、仔细、勤劳			
小计					
总分					

【思考与练习】

1. 日常生活中铅（铬）污染的来源有哪些？
2. 重金属铅（铬）污染对人的危害有哪些？
3. 试样使用微波消解的消化过程中有哪些注意事项？
4. 抽取当地超市乳制品做为样品，并用石墨炉原子吸收法检测其铅、铬是否超标。

任务4　乳及乳制品中重金属汞、砷含量的检测

【学习目标】

1. 了解乳及乳制品中汞、砷残留的来源及危害。
2. 熟悉原子荧光光度计的工作原理，学会使用其检测乳及乳制品中汞、砷的含量。

【任务引入】

　　乳制品中除了铅、铬以外，还含有一些微量的有害物质，如汞、砷等。它们对人体健康也会造成严重的危害，例如经常摄入微量的砷化物，日积月累可引起多发性神经炎、皮肤痛觉或触觉减退等症状。汞主要以汞元素（金属汞）、无机汞（汞盐）和有机汞三种形式存在，液态汞一般毒性较小，但汞蒸汽和汞盐都有剧毒。汞及其化合物可通过呼吸道、消化道和皮肤进入人体，因汞对蛋白质有凝固作用，以致会破坏细胞表面的酶系统，阻碍葡萄糖进入细胞，使细胞窒息坏死。慢性汞中毒初期无明显症状，主要表现为神经衰弱，急性中毒主要发生于短期内吸入高浓度汞蒸气之后，数小时即可发病。有些重金属元素是作为天然组分而存在的，有些是由环境污染或食品加工过程的污染带入乳及乳制品中的，因此，这些微量污染物的检测对食品安全的监控具有重要意义。

【任务分析】

　　任务分析参见任务3。本任务选用《食品中总砷及无机砷的测定》（GB 5009.11—2014）和《食品中总汞及有机汞的测定》（GB 5009.17—2014）中的方法对乳制品中的汞、砷进行检测。

【相关知识】

一、食品中的重金属

近年来，随着工业化进程加快，资源类产品的走俏，采矿、冶炼业的遍地开花，使得环境污染问题日趋严重和恶化，我国一些地区连续发生重金属污染事件，造成蔬菜、谷物、水产和畜禽等重金属含量超标，严重影响了我国人民的身心健康，引起了社会各界的广泛关注和高度重视。重金属的污染主要来源于工业污染、交通污染和生活垃圾污染，以及工业的"三废"排放、污水灌溉、大气沉降和使用重金属制品等。随着我国经济的不断发展，食品重金属超标已经成为不得不面对的问题。食品安全隐患若长期得不到解决，极易引发食品安全事故，我国乳及乳制品中汞、砷的限量标准见表5—4—1。

表5—4—1　　　　　　　　我国乳及乳制品中汞、砷的限量标准　　　　　　　　mg/kg

种类	限量值
汞	≤ 0.01
砷	≤ 0.1

二、重金属的危害

重金属进入体内后代谢非常缓慢，会对人体健康造成极大危害，能够使蛋白质结构发生不可逆的改变，导致体内细胞无法获得营养、排出废物，也无法产生能量。常见的重金属中毒有铅中毒、汞中毒、砷中毒、镉中毒及锰中毒等。重金属中毒可引起头晕、头痛、失眠、健忘、关节疼痛和结石等疾病，对消化系统和泌尿系统的细胞、脏器、皮肤、骨骼和神经的破坏尤为严重，甚至可引起癌症，不同重金属对人体的伤害也有所不同。

汞在工业上用途较为广泛，在生活中也存在较多接触机会，进入人体过量即可引起中毒，汞中毒是常见的职业病之一。汞在天然或人工条件下均可以单质和汞的化合物两种形态存在。单质汞（Hg）即元素汞亦称金属汞；汞的化合物又可分为无机汞化合物和有机汞化合物两大类。在生产条件下，金属汞常以汞蒸气的形式进入人体，因其具有高度的扩散性和较大的脂溶性，会通过呼吸道进入肺泡，再经血液循环运至全身。血液中的金属汞进入脑组织后被氧化成汞离子，逐渐在脑组织中积累，达到一定的量时就会对脑组织造成损害。另外一部分汞离子会转移到肾脏。因此，慢性汞中毒临床表现主要是神经系统症状，如头痛、头晕、全身乏力、肢体麻木和疼痛、运动失调等。易兴奋是慢性汞中毒的一种特殊的精神状态，表现为易激动、焦虑、不安、口吃、胆怯、记忆力减退及精神压抑等。此外，胃肠道、泌尿系统、皮肤和眼睛均可出现一系列症状。急性汞中毒的症候为肝炎、肾炎、蛋白尿、血尿和尿毒症等。

砷元素及其化合物广泛存在于环境中，主要来自母岩或土壤母质的风化，元素形态的砷，由于其不溶于水，因此几乎没有毒性，有毒性的主要是砷的化合物。工业上砷的污染主要来自排放的废水，而农业上的砷污染主要由于含砷农药的广泛使用。当前，砷对环境的污染问题愈发严重，如以砷化合物作为饲料添加剂过量添加至牲畜食用的饲料中，就易使牲畜体内积砷，食用了这种牲畜的肉制品后就容易造成中毒。砷侵入人体后，除由尿液、消化道、唾液及乳腺排泄外，会蓄积于骨质疏松部、内脏、肌肉、头发和指甲等部位。砷作用于神经系统、刺激造血器官，长期少量侵入人体会对红血球生成有刺激影响，长期接触砷会引发细胞中毒和毛细管中毒，还有可能诱发恶性肿瘤。

三、样品前处理方法

适宜的前处理方法对重金属检测的准确度及精密度有很大影响。测定汞、砷时常用以下几种前处理方法。

1. 湿消解法

常规的湿消解法是将样品与酸等预先混合，放置过夜，次日将其置于加热板上进行赶酸，剩余大约 1 mL 时停止，冷却后定容待测。但该方法操作步骤烦琐，预消解时间较长，且敞口赶酸时酸雾量较大，对实验环境也会造成一定污染。不过，该方法对在高温下易挥发的重金属元素的前处理具有一定优势，因为设备较为简单，但预消解时间仍然较长，后期赶酸操作也较烦琐，且由湿消解法带来的基体效应较大，各个待测元素之间存在明显干扰，因此会对实验的准确度有一定影响。综合来看，湿消解法难以满足工厂大批量检测的要求。

2. 电烘箱加热—高压密封罐消解法

湿消解法在消解样品时，酸使用量加大、空白值较高、操作烦琐，且敞口赶酸易带进污染，而电烘箱加热—高压密封罐消解法很好地解决了这些问题。电烘箱加热—高压密封罐消解法也是国家标准中推荐使用的方法之一，具有仪器设备简单、操作性强且待测元素不易损失等优点。但该方法消解时间较长，也无法满足生产企业大批量检测需求。

3. 微波消解法

微波消解通常是指利用微波加热封闭容器中的消解液和试样，从而在高温增压条件下使各种样品快速溶解的湿法消化，是目前检测汞、砷时,前处理使用最广泛的方法之一。

四、原子荧光法检测乳制品中汞、砷的原理

气态自由原子吸收光源（常用空心阴极灯）的特征辐射后，原子的外层电子跃迁到较高能级，然后又跃迁返回基态或较低能级，同时发射出与原激发波长相同或不同的发射光谱，即为原子荧光。在一定实验条件下，荧光强度与被测元素的浓度成正比。这就是原子荧光法的检测原理。

具体到实验中，酸化过的样品溶液中的待测元素（砷、汞等）与还原剂（一般为硼氢化钾或钠）在氢化物发生系统中反应生成气态氢化物，原子荧光光度计利用惰性气体（如氩气）作为载气，将气态氢化物和过量氢气与载气混合后，将其导入加热的原子化装置，氢气和氩气即可形成氩氢火焰，使待测元素原子化。待测元素的激发光源（一般为空心阴极灯或无极放电灯）发射的特征谱线通过聚焦，激发氢氩焰中待测物原子，得到的荧光信号被光电倍增管接收，信号经放大、解调，得到荧光强度信号，荧光强度与被测元素的浓度在一定条件下成正比，据此即可进行定量分析。

【任务实施】

具体操作流程如下：

实验准备→试剂配制→试样消解→原子荧光法测定→结果计算。

1. 实验准备

图示	试剂与设备	说明
	试剂：硝酸、硫酸、过氧化氢（30%）、氢氧化钾、硼氢化钾、硫脲	分析过程全部用水均使用去离子水。所使用的化学试剂均为分析纯或优级纯
	试剂： （1）汞标准液（1 000 μg/mL）优级纯 （2）砷标准液（1 000 μg/mL）优级纯	购自国家标准物质研究中心

续表

图示	试剂与设备	说明
	仪器：原子荧光光度计（附砷、汞空心阴极灯）、微波消解仪	所用玻璃仪器均须以硝酸（1+5）浸泡过夜，用水反复冲洗，最后用去离子水冲洗干净

2. 试剂配制

试剂名称	操作步骤	说明
硝酸（1+9）	量取50 mL硝酸慢慢加入450 mL水中，混匀	
硫脲溶液	称取硫脲5.0 g，溶于水中，稀释至100 mL，混匀	
氢氧化钾溶液（5 g/L）	称取氢氧化钾5.0 g，溶于水中，稀释至1 000 mL，混匀，现用现配	
硼氢化钾溶液（5 g/L）	称取硼氢化钾5.0 g，溶于5 g/L氢氧化钾溶液中，稀释至1 000 mL，混匀，现用现配	
汞标准储备液	吸取1 μg/mL汞标准液100 μL于100 mL容量瓶中，使用硝酸溶液（1+9）稀释至刻度，混匀	
砷标准储备液	吸取1 μg/mL砷标准液1 mL于100 mL容量瓶中，加入10 g硫脲，2%HCL溶液稀释至刻度，混匀	
标准液梯度稀释	汞标样浓度：10 μg/L，标曲系列浓度：0、2、4、6、8 μg/kg 砷标样浓度：100 μg/L，标曲系列浓度：0、20、40、60、80 μg/kg	借助自动进样器自动稀释

3. 试样消解

图示	操作步骤	说明
	（1）称取0.50 g牛奶，垂直加入微波消解仪配置的聚四氟乙烯内罐中	精确到0.01 g 注意取样的均一性和代表性，取样前摇晃均匀

续表

图示	操作步骤	说明
	（2）向加完试样的消解罐中加入 4 mL 硝酸、1 mL 过氧化氢，盖好安全阀后，将消解罐放入微波消解系统中，功率 800w 条件下 15 min 程序升温至 190 ℃，保持 25 min 至消解完全	操作过程中防止样品受到污染，微波消解时注意对称放置方式，避免微波消解仪损坏
	（3）消解罐冷却后，用滴管将消化液洗入 25 mL 容量瓶中，用水少量多次洗涤消解罐，洗液合并于容量瓶中并定容至刻度，混匀备用	视消化液是否消解完全、消解液是否澄清透明，消解不完全不可上机操作。同时作试剂空白

注：本法采用微波消解法，微波消解升温程序见表 5—4—2，根据实验室条件，还可以选择干灰化法、湿消解法等其他方法。

表 5—4—2　　　　　　　　　微波消解程序

步骤	目标温度（℃）	最大压力（bar）	升温时间（min）	保持时间（min）	功率（%）
1	165	30	5	10	50
2	190	30	5	20	80
3	50	30	10	0	0

4. 原子荧光法检测

图示	操作步骤	说明
	（1）调节载气氩气，气体压力在 2.5 ～ 3 MPa	高纯氩气 ≥99.999%

续表

图示	操作步骤	说明
	（2）开主机电源开关	
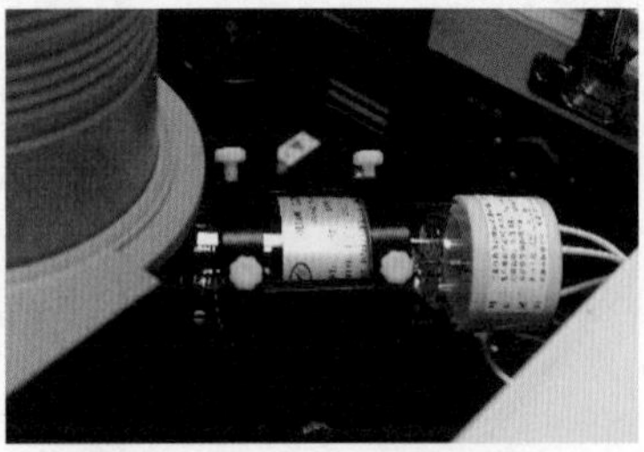	（3）安装元素灯 装上空心阴极汞（砷）灯	通过调光器上的光斑调整汞灯的角度
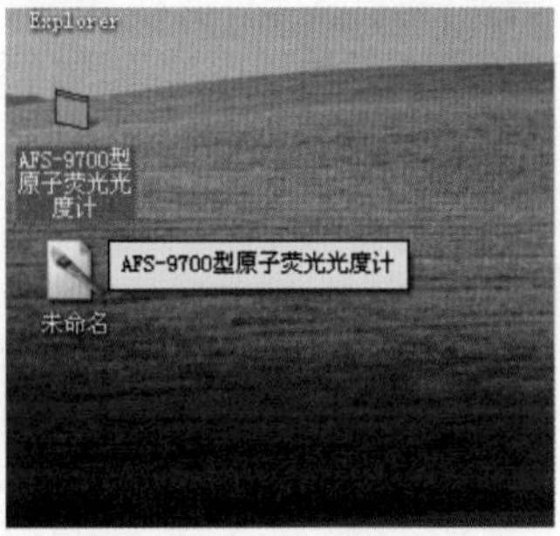	（4）打开仪器操作软件	
	（5）点火预热。单击点火按钮，预热30 ~ 60 min	预热后，仪器运行更稳定

续表

图示	操作步骤	说明
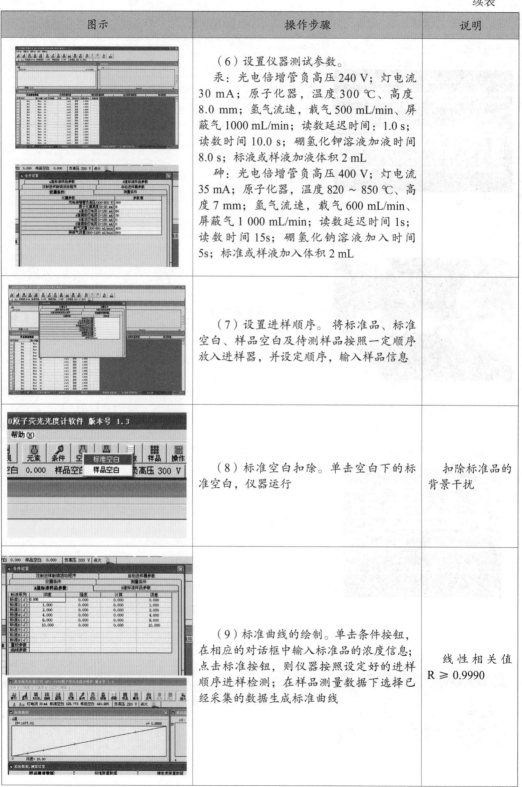	（6）设置仪器测试参数。 汞：光电倍增管负高压 240 V；灯电流 30 mA；原子化器，温度 300 ℃、高度 8.0 mm；氩气流速，载气 500 mL/min、屏蔽气 1000 mL/min；读数延迟时间：1.0 s；读数时间 10.0 s；硼氢化钾溶液加液时间 8.0 s；标液或样液加液体积 2 mL 砷：光电倍增管负高压 400 V；灯电流 35 mA；原子化器，温度 820 ~ 850 ℃、高度 7 mm；氩气流速，载气 600 mL/min、屏蔽气 1 000 mL/min；读数延迟时间 1s；读数时间 15s；硼氢化钠溶液加入时间 5s；标准或样液加入体积 2 mL	
	（7）设置进样顺序。将标准品、标准空白、样品空白及待测样品按照一定顺序放入进样器，并设定顺序，输入样品信息	
	（8）标准空白扣除。单击空白下的标准空白，仪器运行	扣除标准品的背景干扰
	（9）标准曲线的绘制。单击条件按钮，在相应的对话框中输入标准品的浓度信息；点击标准按钮，则仪器按照设定好的进样顺序进样检测；在样品测量数据下选择已经采集的数据生成标准曲线	线性相关值 R ≥ 0.9990

续表

图示	操作步骤	说明
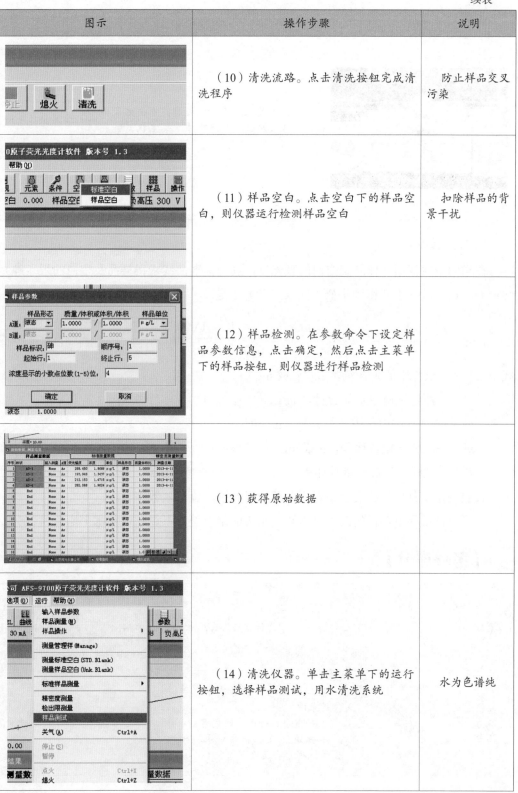	（10）清洗流路。点击清洗按钮完成清洗程序	防止样品交叉污染
	（11）样品空白。点击空白下的样品空白，则仪器运行检测样品空白	扣除样品的背景干扰
	（12）样品检测。在参数命令下设定样品参数信息，点击确定，然后点击主菜单下的样品按钮，则仪器进行样品检测	
	（13）获得原始数据	
	（14）清洗仪器。单击主菜单下的运行按钮，选择样品测试，用水清洗系统	水为色谱纯

续表

图示	操作步骤	说明
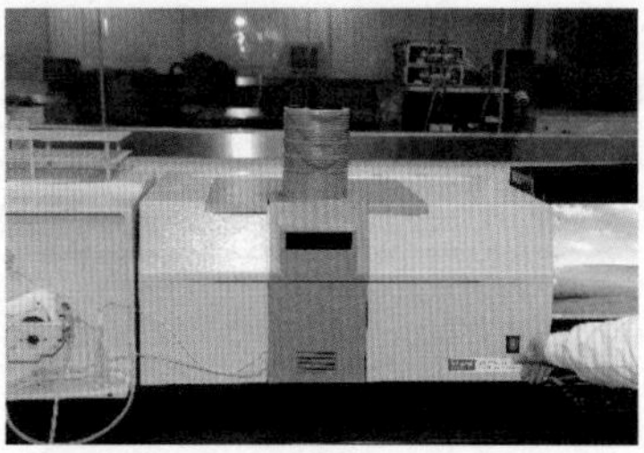	（15）关机。清洗完成后，点击主菜单下的熄火按钮；关闭软件，关主机，关氩气	填写仪器使用记录

5. 结果计算

在相同条件下测得样品及空白的吸光度，利用标准曲线求得样品及空白的汞（砷）含量 C、C_0，代入下式得到牛奶中的汞（砷）含量：

$$X = \frac{(C - C_0) \times V \times 1\,000}{m \times 1000 \times 1\,000}$$

式中　X——试样中的汞含量，mg/kg 或 mg/L；

　　　C——测定试样中汞的含量，ng/L；

　　　C_0——试剂空白液中汞的含量，ng/mL；

　　　m——试样质量或体积，g 或 mL；

　　　V——试样消化液定量总体积，mL；

按照规定出具相应的实验报告（计算结果保留两位有效数字）。

在重复性条件下获得的两次独立测定结果的绝对差值不得超过算术平均值的20%。

【考核评价】

素质	内容		评价		
	学习目标	评价项目	个人评价（20%）	小组评价（30%）	教师评价（50%）
知识能力（20分）	应知	1. 知道乳及乳制品中汞、砷污染的来源 2. 知道汞、砷污染的危害 3. 知道乳及乳制品中汞、砷污染的检测方法及检测原理			

续表

素质	内容		评价		
	学习目标	评价项目	个人评价（20%）	小组评价（30%）	教师评价（50%）
专业能力（60分）	试剂配制及仪器准备（10分）	1. 试剂的配制准确 2. 仪器的准备正确			
	样品的处理（10分）	1. 样品的采集符合标准 2. 样品的制备动作熟练 3. 样品预处理和消解动作熟练			
	样品的测定（30分）	1. 能用原子荧光法对乳及乳制品中的汞、砷进行检测 2. 能熟练使用微波消解仪，操作规范熟练 3. 能对原子荧光光度计进行简单的维护 4. 能对检测结果进行初步分析 5. 结果记录真实，字迹工整，报告规范			
	遵守安全、卫生要求（10分）	1. 遵守实验室安全规范 2. 遵守实验室卫生规范			
通用能力（10分）	动作协调能力（5分）	动作标准、仪器操作熟练			
	与人合作能力（5分）	能与同学互相配合，团结互助			
态度（10分）	认真、细致、勤劳	整个实验过程认真、仔细、勤劳			
小计					
总分					

【思考与练习】

1. 乳及乳制品中汞（砷）污染的来源有哪些？

2. 重金属汞（砷）污染对人的危害有哪些？

3. 抽取当地超市乳制品做为样品，并用原子荧光法检测其汞、砷是否超标。

项目六

乳制品生产用辅料和包材的检验

【先导知识】

原、辅料和包材是乳制品生产中不可分割的重要组成部分，与产品的质量息息相关，它们是点和面的关系——产品是点，包材、辅料是面，如果企业生产的某个产品出现问题，只会涉及这个产品本身，产生的影响范围有限；可一旦包材、常用原辅料出问题，就将直接影响使用了这些包材和辅料的所有产品，产生极其严重的后果。

一、乳制品中的添加剂

2015 版《食品安全法》规定，食品添加剂是指"为改善食品品质和色、香、味以及为防腐、保鲜和加工工艺的需要而加入食品中的人工合成或者天然物质，包括营养强化剂"。在乳制品中加入适量的食品添加剂是为了改善乳制品的品质，解决在加工工艺中难以解决的如蛋白质沉淀，油层上浮等问题。如通过加入适量的乳化剂、增稠剂等食品添加剂，来保持产品稳定性；在生产调配乳制品时，通过加入一些酸味剂、甜味剂和香精等，来改善和提高食品色、香、味及口感等感官指标，还可以增加乳制品的花色品质。

乳制品中的添加剂主要包括葡萄糖、果糖、麦芽糖、阿巴斯甜和甜菊糖等甜味剂；果味儿、乳味儿等香精；山梨酸钾、苯甲酸钠等防腐剂；果胶、明胶及阿拉伯胶等稳定剂。

二、辅料包材的使用管理规范

为保证原、辅料和包材入厂、储存和使用的规范，确保产品质量安全，所有乳制品生产使用的原辅料、包材都应严格管理。

1. 原辅料、包材入厂检验

原辅料、包材运输采用的车辆应该是符合标签标识的储存条件的，其装、运、卸等过程都必须符合相关卫生条件的要求；与食品直接接触的包材及添加到食品中的辅料的外包装必须有防护措施，以保证入厂原辅料、包材外包装的卫生符合公司要求。

2. 原辅料包材的入库

到货后，原料库需核对所到货品的品种、规格及数量等是否相符及并通知检验室取样检测，检测合格后方可入库。原辅料、包材入库需按照企业要求分区码放并做好标识，注明产品名称、规格、批号和数量等相关信息。到货原辅料、包材已卸载但并未经检验室检测前，必须标识"待检"，待检验室检测合格后，原料库再对到货原辅料、包材办理入库手续，此后生产部方可领用。不合格品需进行隔离并做好标识，并及时通知采购部对不合格品进行处理。

3. 原辅料、包材的储存

严格按照原辅料、包材标识的储存条件进行储存保管，必须做到离地、离墙存放，冷藏、冷冻原辅料码放时必须保证冷藏、冷冻效果，入库码放时应考虑"先进先出"原则。原辅料、包材存放时，要定期进行保质期核查，对超过保质期 2/3 的原辅料须做明显标识，已超过保质期的原辅料、包材须设专门区域存放并上报相关部门及时处理。

4. 原辅料、包材的出库

必须遵循"先进先出"原则，及时更新标识卡相关信息，原料库对每批出库产品应及时做好登记，并确保超过保质期的原辅料不被领取使用。生产部在原辅料、包材出库运输时，必须将原辅料、包材分类运输，以防原辅料、包材交叉污染，如需同车运输的，必须做好隔离防护措施。

5. 原辅料、包材的使用

提取后的原辅料、包材在车间存放时，必须放置在指定位置并做好标识，固态原辅料、包材应离地离墙存放；液态原辅料应有防泄漏装置，防止出现交叉污染、腐败变质等现象。使用时必须在相应表单上如实注明所使用原辅料、包材的批次或批号。在车间进行原辅料配置时，必须保证配置比例和环境要求，配置后的原辅材料要严格控制在保质期内使用；如未使用完，剩余原辅料在车间存放时必须采取密闭措施，同时做好标识单。如果在使用过程中发现不合格的原辅料或包材，应按不合格品管理制度处理。

任务 1　食用香精的检验

【学习目标】

1. 了解乳及乳制品中香精的应用范围。
2. 能进行食用香精的入厂检验。

【任务引入】

食用香精是参照天然食品所具备的香味，采用天然和天然等同香料。合成香料进行精心调配而成的，具有各种天然风味，是一种影响食品口感和风味的特殊高倍浓缩添加剂，可赋予食品香味，进而弥补食品在加工制造过程损失的风味。

【任务分析】

香精的组分非常复杂，一般企业生产使用的用量较小，所以使用商大多只进行验证试验。本任务选用乳品生产厂对某些香精进行的常规入厂检验，测定香精的质量指标及稳定性。

【相关知识】

食用香精的种类及特性

食用香精是食品工业必不可少的食品添加剂，有千余个品种。香精的用量一般很少，但它对食品的风味起着决定性作用。香精的种类及使用方法的不同，可赋予产品与众不同的风味。

1. 天然香精

主要是指从自然界的动植物（香料）中提取的，保持其原有香气特征的香料，是完全天然的物质。通过物理方法，经粉碎、发酵、蒸馏、浓缩、压榨及吸附等物理和生化方法进行加工提取，从自然界中提取出来。通常可获得天然香味物质的载体有水果、动物器官、叶子、茶及种子等，主要分为动物性香料和植物性香料。例如利用萃取法可得到可可提取物、草莓提取物、香草提取物等，用浓缩法可得到苹果汁浓缩物、橙汁浓缩物、芒果浓缩物等，用蒸馏法可得到薄荷油、肉桂油、桉树油等，用精馏法可制得橙油、柠檬油、柑橘油等；动物香料则大多数提取自动物的分泌物或排泄物，如麝香、龙涎香等。目前全世界有5 000多种能提取天然香精的原料，常用的有1 500多种。

2. 人工合成香精

天然香精是由几十种甚至上百种化学成分组成的，但往往只由其中一种或几种成分组成特征香味，人们将这些关键组分合成，便是合成香精。只要香精中有一个原料物质是人工合成的，即为人工合成香精。通常来说，从天然物质中提取香精成本较高、杂质较多，且不同批次产品的成分较难保持一致；而人工合成香精可以解决这些问题。

3. 等同天然香精

这类香精是经由化学方法处理天然原料而获得的，或是人工合成的与天然香精完全相同的化学物质。

4. 微生物法制备的香精

它是经由微生物发酵或酶促反应而获得的香精。

5. 反应型香精

这类香精是将蛋白质与还原糖加热发生美拉德反应而得到的，常用于巧克力、咖啡、肉类和麦芽香中。

按香精的状态分类，食用香精包括液态香精（水溶性、油溶性、乳化性）和粉末香精。其中，粉末型香精发展较快，尤其是微胶囊型香精粉末在食品工业中的应用日益广泛。香精的一般质量指标见表6—1—1。

表6—1—1　　　　　　　　　香精的一般质量指标

项目	指标
折光指数（20 ℃）	1.4750 ～ 1.4940
相对密度（25 ℃）	0.9500 ～ 0.9720
溶解度（25 ℃）	1 g 样品全溶于 700 ～ 1000 倍的水
砷（以 As 计）/%	≤ 0.0003
重金属（以 Pb 计）/%	≤ 0.001

【任务实施】

操作流程如下：

试剂准备→样品检验→结果判定。

1. 实验准备

图示	试剂与设备	说明
	试剂：乙醇、白砂糖、柠檬酸	
	仪器：显微镜	

2. 水溶性香精的检验

图示	操作步骤	说明
	溶解度（25℃）的测定：称取1g样品，溶于700~1 000 mL水溶液或300~500 mL 20%乙醇中，观察是否完全溶解	

3. 乳化香精的检验

图示	操作步骤	说明
	（1）粒度的测定：取少量经搅拌均匀的试样，放在载玻片上，滴入适量的水，以盖玻片轻压使之成薄层，用＞600倍显微镜观察，粒子的直径≤2.0 μm，且均匀分布即为合格	
	（2）原液稳定性的测定：在室温下，分别移取经搅拌均匀的试样10 mL于三支离心管中，一支留做对照，两支放入离心机中，以3000 r/min离心15 min，取出与对照管比较，不分层即为合格	操作过程中防止样品受到污染，离心时注意配平，防止离心机损坏
	（3）1 000倍稀释液稳定性测定：称取经搅拌均匀的试样1.0 g、白砂糖80～100 g、柠檬酸1～1.6 g、蒸馏水100 mL，加热使之全部溶解，再加入蒸馏水至1 000 mL，混合后即为1 000倍稀释液。取约300 mL的1 000倍稀释液于汽水瓶中，封盖。在室温下横放静置72 h，溶液表面无浮油白圈、底部无沉淀即为合格	

注：1. 细菌总数、大肠菌群及其他项目的测定以该批样品的厂家化验单为依据进行验证。
　　2. 所有香精的香味、香气、色泽及澄清度与标准样进行比对。

【考核评价】

素质	内容		评价		
	学习目标	评价项目	个人评价（20%）	小组评价（30%）	教师评价（50%）
知识能力（20分）	应知	1.知道香精香料的分类 2.掌握香精香料的入厂检验标准及操作方法			
专业能力（60分）	试剂配制及仪器准备（10分）	1.试剂的配制准确 2.仪器的准备正确			
	样品的处理（10分）	1.样品的采集符合标准 2.样品预处理符合要求			
	样品的测定（30分）	1.能对香精香料进行入厂检验 2.能熟练使用显微镜对香精的粒度进行检测 3.能对显微镜进行简单的维护 4.能对检验结果进行初步分析 5.结果记录真实，字迹工整，报告规范			
	遵守安全、卫生要求（10分）	1.遵守实验室安全规范 2.遵守实验室卫生规范			
通用能力（10分）	动作协调能力（5分）	动作标准、仪器操作熟练			
	与人合作能力（5分）	能与同学互相配合，团结互助			
态度（10分）	认真、细致、勤劳	整个实验过程认真、仔细、勤劳			
小计					
总分					

【思考与练习】

1. 请列举乳及乳制品中哪些产品的哪些风味是由香精带来的。

2. 香精香料的分类有哪些？

任务 2　高锰酸钾消耗量测定

》》》【学习目标】

1. 了解以聚乙烯、聚苯乙烯、聚丙烯为原料制作的食品容器、食具及食品包装薄膜等制品的卫生指标。

2. 能检测食品包装用聚乙烯、聚苯乙烯及聚丙烯成型品中可溶出有机物质的含量。

【任务引入】

液态奶所使用的黑白膜是采用 LDPE、LLDPE 为主要树脂原料，再加入黑、白色母料通过共挤工艺吹制而成的复合膜，多为三层或三层以上结构。由于 PE 类液态奶黑白膜具有优异的阻隔性、避光性、热封性及柔韧性，是目前液态奶生产行业最广泛采用的一种包装材料。液态奶黑白膜多采用表面印刷工艺，即利用专用耐水耐高温的表印油墨印刷在黑白膜包装的外表面，因此油墨层是直接暴露在外部的。鉴于液态奶黑白膜的制造工艺及印刷工艺，树脂原料及油墨极易出现有害的小分子物质或有机溶剂残留，而对这些残留物质进行严格监控，则需要进行相关性能指标的检测。目前我国规定 PE 类液态奶黑白膜中相关卫生性能参考 GB/T 5009.60—2003《食品包装用聚乙烯、聚苯乙烯、聚丙烯成型品卫生标准的分析方法》，即严格检测"蒸发残渣""高锰酸钾消耗量""重金属""脱色试验"这四项重点卫生性能指标。通过这些指标可准确反映包装材料中有机小分子成分或重金属等有害物质的含量，有效降低在制膜或印刷过程中因工艺参数控制不当或油墨成分使用不当而产生的有害物质，最大限度地减少因包装材料引起的液态奶污染。

【任务分析】

"高锰酸钾消耗量"可准确反映出包装材料中可溶出有机物质的含量。本任务选用 GB/T 5009.60—2003 中规定的方法，测定百利包袋装奶包材的高锰酸钾消耗量。

【相关知识】

一、食品包装袋（膜）的检验项目

1. 外观检验，不得有对使用产生障碍的气泡、穿孔等瑕疵，其规格（宽度、长度、厚度偏差）均应在规定的偏差范围内。

2. 拉伸强度、断裂伸长率等机械性能检验。

3. 卫生性能如蒸发残渣、高锰酸钾消耗量、重金属、脱色试验。

二、高锰酸钾消耗量检验的原理

在一定的时间和温度下对食品用塑料容器测试样品进行浸泡迁移实验，所有容易溶出的有机小分子物质会溶解在溶剂里，形成混合液，再通过具有强氧化性的高锰酸钾溶液对其进行滴定，溶出的有机小分子物质会全部被氧化，而水则无反应，过量的高锰酸钾用草酸还原，根据消耗的高锰酸钾的量计算相当的耗氧量，最终得出待测样品中可溶出有机物质的总含量。高猛酸钾消耗量试验方法是多年来使用较广泛的检测方法，因具备试验成本低、操作方便、出结果时间短等优点，被广泛应用于产品检测和质量监督检验中。

三、高锰酸钾消耗量检测超标问题的来源及危害

蒸发残渣、高锰酸钾消耗量和脱色实验是我国目前对食品包装进行监管的主要卫生安全指标，其中，高锰酸钾消耗量是国家食品包装产品抽检中经常使用的检测方法。溶剂残留、表层油墨、粘合剂及薄膜添加剂的游离析出等都有可能引起高锰酸钾消耗量超标，导致产品出现安全问题：

1. 高锰酸钾消耗量高，可反映出塑料制品中的游离单体及降解产物存在向食品迁移的潜在危险，可对人体健康造成严重危害。

2. 在塑料包装材料的生产过程中，时常加入多种添加剂，如稳定剂、增塑剂等，这些添加剂中的一些物质对人体有较大危害，具有致癌性、致畸性，当塑料包装与食品接触时会向食品中迁移。

3. 在生产包装袋时，为了把浓稠的油墨快速印制在用于食品包装的塑料薄膜上，往往需要在油墨中添加苯、丁酮、异丙醇和醋酸乙酯等混合溶剂，用于稀释和促进油墨的干燥。但一些包装生产企业为了追求利益，大量使用比较便宜的甲苯，且缺乏严格的生

产操作工艺，使得包装袋中残留大量的苯类物质，存在安全隐患。

四、影响高锰酸钾检测结果准确性的原因

根据我国《食品包装用聚乙烯、聚苯乙烯、聚丙烯成型品卫生标准的分析方法》（GB/T 5009.60—2003）中的明确规定，与食品接触的塑料制品中的高锰酸钾消耗量不得超过10 mg/L。然而，在实际测定工作中不难发现，高锰酸钾消耗量的测定结果较不稳定，结果的准确度较难把控，其影响因素主要有：

1. 加热时间

在实际工作中，加热时间对高锰酸钾消耗量的测定有明显影响，加热过快和时间太长将导致测定结果偏低，因此要严格控制加热时间，加热 5 min 之后沸腾是最佳的检测时间，可提高测定的准确度和重复性。

2. 滴定温度

浸泡液经过 5 min 煮沸后的温度是 100 ℃，如立即加入草酸，将导致草酸的挥发和分解（即 $H_2C_2O_4 = CO_2 + CO + H_2O$），使实际参与反应的草酸量减少，进而导致消耗的高锰酸钾量减少，因此得到的测定结果偏低。

3. 滴定速度

滴定时，最先加入的第一滴 $KMnO_4$ 溶液褪色很慢，在 $KMnO_4$ 颜色没有褪去之前，不要加入第二滴，控制滴定速度，等加入几滴 $KMnO_4$ 溶液，生成的 Mn^{2+} 开始起催化作用后，滴定速度可适当提升，但仍要控制，否则过多的 $KMnO_4$ 来不及与 $C_2O_4^{2-}$ 反应，会在热的酸性溶液中发生分解。滴定速度也不宜过慢，因高锰酸钾自身具有较强的氧化性，可与很多还原性的物质发生作用，例如空气中的还原性气体和尘埃都能使高锰酸根离子缓慢作用使溶液的粉红色消失，导致高锰酸钾消耗量增加，检测结果偏高。

4. 滴定终点

$KMnO_4$ 标准溶液滴定时的终点较不稳定，当溶液出现红色且在 30 s 内不褪色时，就可认为滴定已经完成，根据经验，在实际工作中，红色至少应维持 15 s 不褪。如对终点有疑问，可先将滴定管读数记下，再加入 1 滴高锰酸钾标准溶液，出现紫红色即证实终点已到。同时在读数时，由于高锰酸钾颜色很深，液面凹下时不易看出，因此应在液面最高边上进行读数。

【任务实施】

具体操作流程如下：

实验准备→样品测定→结果计算。

1. 实验准备

图示	试剂与设备	说明
硫酸 高锰酸钾标准滴定溶液 草酸标准滴定溶液	硫酸（1+2）、高锰酸钾标准滴定溶液（c=0.01 mol/L）、草酸标准滴定溶液（c=0.01 mol/L）	
	设备：酸碱滴定管、电磁炉	

2. 样品的制备

图示	操作步骤	说明
	（1）取样方法：每批按 0.1% 取试样，小批时取样数不少于 10 只（以 500 mL 容积 / 只计，小于 500 mL/ 只时，试样应相应加倍取量）。其中半数供化验用，另外半数保存两个月，以备作仲裁分析用，分别注明产品名称、批号和取样日期。试样洗净备用	
	（2）浸泡条件： 水：60℃，浸泡 2 h	浸泡液按接触面积每平方厘米增加 2 mL，在容器中则以加入浸泡液至 2/3 ～ 4/5 容积为准

3. 分析步骤

图示	操作步骤	说明
	（1）高锰酸钾溶液标定： 　　锥形瓶的处理：取 100 mL 水放入 250 mL 锥形瓶中，加入 5 mL 硫酸（1+2）及 5.0 mL 高锰酸钾溶液，煮沸 5 min，倒去，用水冲洗备用 　　移取 25 mL 高锰酸钾储备液置于 250 mL 容量瓶中，稀释至刻度，作为高锰酸钾滴定液，往 250 mL 锥形瓶中加入 2.00 mL 草酸钠储备液，再加入 2 mL 硫酸（1+2），用高锰酸钾滴定液进行滴定，近终点时加热至 65 ℃，继续滴至溶液呈粉红色，并保持 30s，记录读数。重复一次	同时用蒸馏水做空白
	（2）滴定： 　　锥形瓶的处理：取 100 mL 水放入 250 mL 锥形瓶中，加入 5 mL 硫酸（1+2）及 5.0 mL 高锰酸钾溶液，煮沸 5 min，倒去，用水冲洗备用 　　准确吸取 100 mL 水浸泡液（有残渣则需过滤）于上述处理过的 250 mL 锥形瓶中，加 5 mL 硫酸（1+2）及 10.0 mL 高锰酸钾标准滴定溶液（0.01 mol/L），再以高锰酸钾滴定液滴定，然后加入玻璃珠 2 粒，准确煮沸 5 min 后，趁热加入 1.00 mL 草酸钠储备液，再以高锰酸钾滴定液滴定至微红色，记录两次高锰酸钾溶液滴定量	另取 100 mL 蒸馏水，按上法做试剂空白试验

4. 结果计算

$$X = \frac{(V_1 - V_0) \times C \times 31.6 \times 1\,000}{1\,000}$$

式中　X——试样的高锰酸钾消耗量，mg／L；

　　　V_1——试样浸泡液滴定时消耗高锰酸钾溶液的体积，mL；

　　　V_2——试剂空白滴定时消耗高锰酸钾溶液的体积，mL；

　　　c——高锰酸钾标准滴定溶液的实际浓度，mol/L；

　　　31.6——与 1.0 mL 的高锰酸钾标准滴定溶液（0.001 mol/L）相当的高锰酸钾的质量，单位为 mg。

计算结果保留三位有效数字，在重复性条件下获得的两次独立测定结果的绝对差值不得超过算数平均值的10%。

【考核评价】

素质	内容		评价		
	学习目标	评价项目	个人评价（20%）	小组评价（30%）	教师评价（50%）
知识能力（20分）	应知	1. 知道食品包材中可溶出有机物质的危害 2. 知道食品包材中可溶出有机物质的检测方法及检测原理			
专业能力（60分）	样品的处理（20分）	1. 样品取样与制备符合标准 2. 须留有复检及仲裁样品			
	样品的测定（30分）	1. 能熟练使用滴定法测定食品包材中可溶出有机物质，操作规范熟练 2. 能对检验结果进行初步分析 3. 结果记录真实，字迹工整，报告规范			
	遵守安全、卫生要求（10分）	1. 遵守实验室安全规范 2. 遵守实验室卫生规范			
通用能力（10分）	动作协调能力（5分）	动作标准、仪器操作熟练			
	与人合作能力（5分）	能与同学互相配合，团结互助			
态度（10分）	认真、细致、勤劳	整个实验过程认真、仔细、勤劳			
小计					
总分					

【思考与练习】

1. 《食品包装用聚乙烯、聚苯乙烯、聚丙烯成型品卫生标准的分析方法》（GB/T 5009.60—2003）中规定食品容器、食具及食品用包装薄膜等制品的卫生指标都有哪些？

2. 检测当地生产的乳制品包材中的可溶出有机物质的含量并写出实验报告。

任务3　蒸发残渣试验

【学习目标】

1. 了解以聚乙烯、聚苯乙烯、聚丙烯为原料制作的食品容器、食具及食品包装薄膜等制品的卫生指标。

2. 能检测食品包装用聚乙烯、聚苯乙烯及聚丙烯成型品在不同浸泡液中的溶出量。

【任务引入】

近年来，经常能看到各种食品因其接触材料不合格而被曝光、扣留或退回的新闻，食品接触材料对食品安全的影响日益引起各食品厂商及消费者的关注。为防止在加工、储藏等过程中，有毒有害物质由食品接触材料向食品中迁移，进而在人体内逐渐积累而影响人体健康，各包材供应商、食品生产加工企业应严格控制材料生产工艺，尽量减少有毒有害物质的用量。与此同时，蒸发残渣也被列为各国食品接触材料市场准入及出口包装材料的常规检测项目。生产企业及应用企业只有加强对食品接触材料的检测，才能在对食品安全高度警惕的市场中长期生存与发展。

【任务分析】

通过对蒸发残渣的检测，可准确反映出包装材料经由不同溶液浸泡后的可溶出成分含量，监控在制膜或印刷过程中因工艺参数控制不当或油墨成分使用不当而产生的有害物质，最大限度地减轻因包装材料引起的液态奶污染。本任务选用《食品包装用聚乙烯、聚苯乙烯、聚丙烯成型品卫生标准的分析方法》（GB/T 5009.60—2003）中规定的方法，测定百利包袋装奶包材的蒸发残渣。

【相关知识】

一、蒸发残渣检测的原理

蒸发残渣是包装材料向浸泡液中迁移的不挥发物质的总量，它是考核塑料制品在使用过程中，接触类似水、醋、酒、油等液体时可能析出化学物质的多少的一项重要参数。实验通常使用水、4%乙酸、20%或65%乙醇、正己烷等溶剂浸泡塑料包材，分别模拟其在使用过程中接触水、醋、酒、油等液体，析出的化学物质的量，是衡量不挥发物质迁移量的重要指标。蒸发残渣数值越高表明产品可溶出物质越多。若包装材料中色母料及助剂的比例过大，在 4% 乙酸中浸泡后会析出大量的残渣，对接触的食品就有污染的可能。用正己烷浸泡的包装材料若蒸发残渣数值超标，其在接触到油脂类食品时就会析出一定量的油溶性残渣。例如花生油、大豆油等与其接触，溶出的有害物质若长期被人体摄入，轻则产生头晕、恶心、呕吐或腹泻等症状，重则会对肝脏、肾脏、神经系统及消化系统等产生损害。

二、影响蒸发残渣检测结果的因素

在进行蒸发残渣实验时，取样条件、仪器设备状态、试剂配制、操作人员及测量环境等都会影响检测结果，其中分析天平的精度对蒸发残渣检测的准确性起着至关重要的作用。因此试验应尽可能使用精度高的天平，并要保证天平使用时的温、湿度环境，并远离震动和气流波动较大的环境，尽量保证实验条件的稳定。

三、蒸发残渣检测不合格的主要原因分析

排除测试过程中的操作误差，造成蒸发残渣检测不合格的原因主要有：

（1）生产企业对原材料把控意识不强，或企业缺乏自检自控能力。

（2）生产厂家为追求利益，在生产中使用大量工业级碳酸钙、滑石粉和石蜡等有毒有害物质，甚至添加来源不明的废塑料等，以降低成本。

（3）生产企业为使产品获得更好的性能，在生产过程中加入一些助剂，如抗冻剂、增塑剂和可降解剂等，这些助剂的加入很容易导致蒸发残渣检测不合格。

因此，应提高食品接触材料生产厂商的自律意识，加强包装原材料的质量安全管理，尽量减少各种添加剂的使用量，杜绝用废料生产食品包装制品，严格按照生产工艺要求进行生产，树立"食品包装等同食品"的安全观念，以防止加工、储藏过程中有毒有害物质由食品接触材料向食品迁移而影响人体健康。

【任务实施】

具体操作流程如下：

实验准备→样品测定→结果计算。

1. 实验准备

图示	试剂与设备	说明
硫酸、乙酸、乙醇、正己烷	硫酸（1+2）、乙酸（4%）、乙醇（65%）、正己烷	
	设备：水浴锅、玻璃蒸发皿、干燥器	

2. 样品的制备

图示	操作步骤	说明
	（1）取样方法：每批按 0.1% 取试样，小批时取样数不少于 10 只（以 500 mL 容积/只计，小于 500 mL/只时，试样应相应加倍取量）。其中半数供化验用，另外半数保存两个月，以备作仲裁分析用，分别注明产品名称、批号和取样日期。试样洗净备用	
	（2）浸泡条件： 水：60℃，浸泡 2 h 乙酸（4%）：60℃，浸泡 2 h 乙醇（65%）：室温，浸泡 2 h 正己烷：室温，浸泡 2 h	浸泡液按接触面积每平方厘米增加 2 mL，在容器中则以加入浸泡液至 2/3 ～ 4/5 容积为准

3. 分析步骤

图示	操作步骤	说明
	取四种浸泡液各200 mL，分次置于预先在（100±5）℃干燥至恒量的50 mL玻璃蒸发皿或恒量过的小瓶浓缩器（为回收正己烷用）中，在水浴上蒸干，于（100±5）℃干燥2 h，在干燥器中冷却0.5 h后称量，再于（100±5）℃干燥1 h，在干燥器中冷却0.5 h后称量	同时进行空白试验

4. 结果计算

$$X = \frac{(m_1 - m_2) \times 1000}{200}$$

式中　X ——试样浸泡液（不同浸泡液）蒸发残渣，mg/L；

m_1 ——试样浸泡液蒸发残渣质量，mg；

m_2 ——空白浸泡液的质量，mg；

c ——高锰酸钾标准滴定溶液的实际浓度，mol/L。

计算结果保留三位有效数字，在重复性条件下获得的两次独立测定结果的绝对差值不得超过算数平均值的10%。

【考核评价】

素质	内容		评价		
	学习目标	评价项目	个人评价（20%）	小组评价（30%）	教师评价（50%）
知识能力（20分）	应知	1.知道食品包材中蒸发残渣量大的危害 2.知道食品包材中蒸发残渣的检测方法及检测原理			

续表

素质	内容		评价		
	学习目标	评价项目	个人评价（20%）	小组评价（30%）	教师评价（50%）
专业能力（60分）	样品的处理（20分）	1. 样品取样与制备符合标准 2. 须留有复检及仲裁样品			
	样品的测定（30分）	1. 能熟练测定食品包材中的蒸发残渣，操作规范熟练 2. 能对检验结果进行初步分析 3. 结果记录真实，字迹工整，报告规范			
	遵守安全、卫生要求（10分）	1. 遵守实验室安全规范 2. 遵守实验室卫生规范			
通用能力（10分）	动作协调能力（5分）	动作标准、仪器操作熟练			
	与人合作能力（5分）	能与同学互相配合，团结互助			
态度（10分）	认真、细致、勤劳	整个实验过程认真、仔细、勤劳			
小计					
总分					

【思考与练习】

1.《食品包装用聚乙烯、聚苯乙烯、聚丙烯成型品卫生标准的分析方法》（GB/T 5009.60—2003）中规定的食品容器、食具及食品用包装薄膜等制品的卫生指标都有哪些？

2. 检测当地生产的乳制品包材的蒸发残渣含量并写出实验报告。

乳及乳制品的快速检测

【先导知识】

随着人们生活水平和健康意识的提高，消费者对乳制品的需求日益增加，同时，乳制品的质量问题也受到了越来越多的关注。自 2008 年报道出"三鹿奶粉"受到三聚氰胺污染的新闻以来，相继出现多起乳制品中被检测出违禁添加剂的案例，这表明乳制品检验存在一定的滞后性。目前，检测乳制品中违禁添加剂的化学分析法如高效液相色谱法（HPLC）、液相色谱—质谱法（HPLC-MS）等，虽然检测精度较高，但检测耗时较长、成本较高，仪器价格昂贵，需要固定的检测场所，且需要技能水平较高的操作人员，操作和维护也比较复杂，故只适用于实验室；对于大批量的样品检测，及时性往往不能满足需求。近年来，酶联免疫（ELISA）技术逐渐引起人们的关注。因其具备快速、易操作、便携且灵敏度较高等特点，能够实现快速准确的现场检测。由于目前许多奶站在规模、资金和管理水平上参差不齐，为在短时间内提升原料奶验收检测水平，酶联免疫法得到了广泛应用。

一、ELISA 检测方法概述

酶联免疫吸附测定（Enzyme-Linked Immuno Sorbent Assay，ELISA）指将可溶性的抗原或抗体结合到某种固相载体上，利用抗原抗体结合的专一性进行免疫反应的定性和定量检测方法。酶联免疫吸附测定可用于测定抗原，也可用于测定抗体。在这种测定方法中有三种必要的试剂：固相的抗原或抗体、酶标记的抗原或抗体及酶作用底物。

ELISA 检测方法起源于 1971 年 Engvail 和 Perlmann 发表的酶联免疫吸附测定（ELISA）用于 IgG 定量测定的文章。这一方法的基本原理是：①使抗原或抗体结合到某种固相载体表面，并保持其免疫活性。②使抗原或抗体与某种特定的酶连接成酶标抗原或抗体，这种酶标抗原或抗体既保留其免疫活性，又保留酶的活性。在测定时，把受检标本（测定其中的抗体或抗原）和酶标抗原或抗体按不同的步骤与固相载体表面的抗原或抗体起反应。③用洗涤的方法使固相载体上形成的抗原抗体复合物与其他物质分开，最后结合在固相载体上的酶量与标本中受检物质的量成一定的比例。④加入酶反应的底物后，底物被酶催化变为有色产物，产物的量与标本中受检物质的量直接相关，可根据反应颜色的深浅进行定性或定量分析。由于酶的催化效率很高，故可极大地放大反应效果，从而使测定方法达到很高的敏感度。其过程如图 7—0—1 所示。

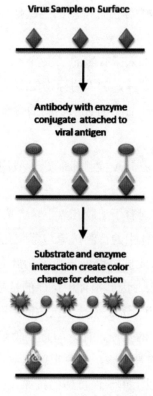

图 7—0—1　酶联免疫原理

二、ELISA 检测方法分类

ELISA 检测方法可根据试剂来源、标本性状及检测条件作以下分类。

1. 夹心法

夹心法常用于检测大分子抗原，一般的操作步骤为：

（1）将具有专一性的抗体固着（coating）于塑胶孔盘上，完成后洗去多余抗体。

（2）加入待测检体，检体中若含有待测的抗原，则其会与塑胶孔盘上的抗体进行专一性键结。

（3）洗去多余待测检体，加入另一种对抗原专一的一次抗体，与待测抗原进行键结。

（4）洗去多余未键结一次抗体，加入带有酶的二次抗体，与一次抗体键结。

（5）洗去多余未键结二次抗体，加入酶标物使酶呈色，以肉眼或仪器读取呈色结果。

2. 间接法

间接法常用于检测抗体，一般的操作步骤为：

（1）将已知的抗原固着于塑胶孔盘上，完成后洗去多余的抗原。

（2）加入待测检体，检体中若含有待测的一次抗体，则其会与塑胶孔盘上的抗原进行专一性键结。

（3）洗去多余待测检体，加入带有酶的二次抗体，与待测的一次抗体键结。

（4）洗去多余未键结二次抗体，加入酶标物使酶呈色，用仪器（ELISA reader）测定塑胶盘中的吸光值（OD 值），评估有色终产物的含量即可测量待测抗体的含量。

3. 竞争法

竞争法是一种较少用到的 ELISA 检测机制，一般用于检测小分子抗原，其操作步骤为：

（1）将具有专一性的抗体固着于塑胶孔盘上，完成后洗去多余抗体。

（2）加入待测检体，使检体中的待测抗原与塑胶孔盘上的抗体进行专一性键结。

（3）加入带有酶的抗原，此抗原也可与塑胶孔盘上的抗体进行专一性键结，由于塑胶孔盘上固着的抗体数量有限，因此检体中抗原的量越多，带有酶的抗原可键结的固着抗体就越少，两种抗原皆竞相与塑胶孔盘上抗体键结即所谓竞争法的由来。

（4）洗去检体与带有酵素的抗原，加入酶标物使酶呈色，检体中抗原量越多，代表塑胶孔盘内留下的带有酶的抗原越少，显色也就越浅。

当需要侦测无法获得两种以上单一性抗体的抗原，或是不易得到足够的纯化抗体以固着于孔盘上时，一般会考虑使用竞争法 ELISA。

三、ELISA 检测操作的注意事项

ELISA 测定现通常采用手工操作的以微孔板条为固相的测定模式，测定操作非常简单，一般涉及试剂准备、加样、温育、洗板、显色、比色和结果判断等方面，其中任一步骤的不当都会影响测定结果，且尤以加样、温育和洗板等步骤为甚。

1. 试剂准备

ELISA 检测时所使用的蒸馏水或去离子水，包括洗涤用水，应为新鲜的和高质量的，配制的缓冲液需使用 pH 计进行校正。试剂从冰箱中取出后应在室温下放置 20 min 以上，待温度与室温平衡后再使用。这样做主要是为了在后面的温育反应步骤中，能使反应微孔内的温度能较快地达到所要求的高度，以满足测定要求。检测时，试剂盒中本次试验不再需用的部分应及时放回冰箱保存。

2. 加样

在 ELISA 检测过程中，通常有 3 次加样步骤，即加标本、加酶结合物和加底物。所有加样都应加在 ELISA 孔板的底部，加样动作不可太快、不可溅出、不可产生气泡，避免加在孔壁上部的非包被区，导致非特异性吸附，且应保证加样的准确性和均一性。加样过快容易出现重复滴加或加在两孔之间，引起非特异显色，如溅出则会对邻近孔产生污染，出现气泡则反应液界面会有差异。每次加标本应更换枪头，以免发生交叉污染，也可用定量多道加液器，使加液过程迅速完成。

3. 温育

在 ELISA 检测过程中，通常有两次抗原抗体反应，即加标本和加酶结合物后。抗原抗体反应需要在一定的温度和时间下完成，这一过程称为温育（incubation）。ELISA 属固相免疫测定，抗原抗体的结合只在固相表面上发生。通常采用的温度有43 ℃、37 ℃、室温和 4 ℃（冰箱温度）等。37 ℃是实验室中常用的温育温度，也是大多数抗原抗体结合的最适温度。加热的方式除特制的电热块外，一般采用水浴方式，让反应板漂浮在水面上，可使温度迅速平衡。为避免蒸发，板上应加盖，也可用塑料贴封纸或保鲜膜覆盖板孔。若使用保温箱，ELISA板应放在湿盒内，湿盒要选用传热性良好的材料如金属等，在盒底垫上湿纱布，然后将 ELISA 板放在湿纱布上。湿盒应先放在保温箱中预热至反应温度，特别是在室温较低的时候。无论是水浴还是湿盒温育，反应板均不应叠放，以确保各板的温度都能迅速平衡。室温温育的反应，ELISA 板只要平置于操作台上即可，但需注意温育的温度和时间应按规定力求准确。

4. 洗板

由于固相免疫测定技术是一种非均相免疫测定技术，检测时需通过洗涤操作将特异结合于固相的抗原或抗体与反应温育过程中吸附的非特异成分进行分离，以保证 ELISA 检测的特异性。因此，洗板对于 ELISA 测定来说，也是极其关键的一步。手工洗板时，洗液尽量不要溢出孔外，加洗液后要静置 1 min，甩去孔板中洗液后，一定要大力拍干，并且要及时更换吸水纸，尤其是拍过酶标记物的吸水纸一定要弃去，否则可能影响试验结果。

5. 显色

一般来说，显色时间过短，结果偏低；显色时间过长，空白增高或者非特异性显色增加。但在加入底物开始显色反应前，应事先检查底物溶液的有效性，即可将 A、B 两种溶液各加一滴于清洁的空板孔中，观察是否有显色现象出现，如有，则说明底物已变质。

6. 比色

在比色测定时，一定要注意酶标仪的波长是否已调至合适及使用的滤光片是否正确。

综上所述，尽管 ELISA 测定的操作步骤非常简单，但可能影响测定结果的因素却较多，分布在测定操作的各个步骤之中，尤以加样、温育和洗板为甚。所以正确的操作是保证 ELISA 结果准确性的必要条件。

任务 1　乳及乳制品中黄曲霉毒素 M_1 的检测

》》》【学习目标】

1. 了解乳及乳制品中黄曲霉毒素 M_1 的来源及危害。
2. 能使用 ELISA 法对乳及乳制品中黄曲霉毒素 M_1 进行检测。

【任务引入】

自从 1963 年 Allcroft 发现牛乳中含有黄曲霉毒素 M_1 以来，各国科学家对黄曲霉毒素 M1 的检测方法做了大量研究，并取得了很大的研究进展。黄曲霉毒素 M_1 的检测方法中常用的提取溶剂有氯仿、甲醇、丙酮、氯仿 - 饱和氯化钠及二氯甲烷 - 饱和氯化钠，也可用色谱法和免疫亲和柱法进行提取净化。提取净化后可用薄层色谱法、酶联免疫、高效液相色谱法以及快速检测单克隆抗体试剂盒进行检测。薄层色谱法虽然所需仪器设备简单，具有较好的分离效果，但是该方法的特异性及灵敏度相对较差，难以满足越来越低的检测限需求，并且使用的高浓度黄曲霉毒素 M_1 标准品也存在潜在的污染性。高效液相色谱法采用 C18 色谱柱连接荧光检测器或紫外分光仪对黄曲霉毒素 M_1 进行定量检测，该方法的灵敏度为 0.01~0.5ppb，虽可以满足检测的灵敏度要求，但所需仪器设备投资较大，对操作技术水平及检测成本都要求较高，不适用于大批量检测。免疫亲和柱特异性较好，通过与高效液相色谱法相结合，黄曲霉毒素 M_1 的检出限可达 0.05ppb，具有选择性高、净化效果好及检出限低等特点，但耗时较长、对检测技术和检测成本的要求较高，同样不适用于大批量检测。相比之下，ELISA 法操作简便、快捷、安全，灵敏度较高，检出限可达 0.01ppb，弥补了上述方法的缺陷，适合乳及乳制品批量样品的普检和筛选，给检测人员带来了很大的方便，同时也节约了检测成本，是一种较理想的检测方法，符合目前国际上检测领域的发展方向。

【任务分析】

目前检测黄曲霉毒素 M_1 的方法主要有薄层色谱法、酶联免疫吸附法、免疫亲和柱净化荧光光度法、高效液相色谱法及液质联用法等。本任务选用《食品中黄曲霉毒素 M 族的测定》（GB 5009.24—2016）中规定的第四法双流向酶联免疫法，测定超高温灭菌乳中是否存在黄曲霉毒素 M1。

【相关知识】

一、黄曲霉毒素的来源及危害

黄曲霉毒素（AFT）是一类化学结构类似的化合物，相对分子质量为 312~346，均为二氢呋喃香豆素的衍生物，易溶于油、甲醇和丙酮等有机溶剂。黄曲霉毒素是主要由黄曲霉（aspergillus flavus）和寄生曲霉（a.parasiticus）产生的次生代谢产物，当粮食未能及时晒干或储藏不当时，非常容易被黄曲霉或寄生曲霉污染，因此，在湿热地区的食品和饲料中黄曲霉毒素出现的概率最高，特别是花生、大豆、玉米、小麦和稻米等粮油产品，是霉菌毒素中毒性最强、对人类健康危害最大的一类霉菌毒素。1993 年世界卫生组织（WHO）将黄曲霉毒素划定为 Ⅰ 类致癌物，它对人及动物的肝脏组织有极强的破坏作用，严重时可诱发肝癌甚至死亡，在天然污染的食品中以黄曲霉毒素 B_1 最为常见，其毒性比氰化钾强 100 倍，是真菌毒素中最强的。

二、黄曲霉毒素 M_1 的限量标准

黄曲霉毒素 M_1（见图 7—1—1）是黄曲霉毒素 B_1 经动物代谢产生的衍生物，可以从内脏、尿液及乳汁中检测出，其含量约为摄入的黄曲霉毒素 B_1 的 1%，其毒性仅次于

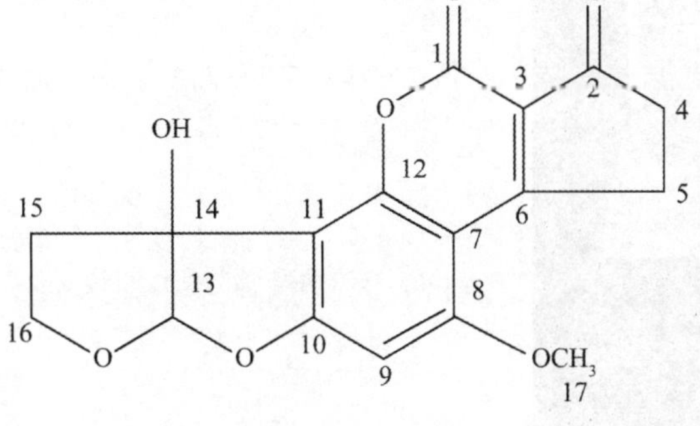

图 7—1—1　黄曲霉毒素 M_1 的结构式

225

黄曲霉毒素 B_1，致癌性也相似。在我国乳及乳制品中黄曲霉毒素 M_1 的限量，与美国、日本一致，都是 0.5ppb；欧盟成员国以及与欧盟有贸易的非洲、亚洲及拉丁美洲部分国家相对严格，为 0.05ppb；而欧盟对婴幼儿配方食品，包括婴幼儿配方牛奶则限量 0.025ppb。

三、ELISA 用于检测原料乳中黄曲霉毒素 M_1 的原理

利用酶联免疫竞争原理，如果乳制品中残留有黄曲霉毒素 M_1，则会与定量的特异性酶标抗体发生反应，而多余的游离酶标抗体则与酶标板内包被抗原相结合，通过流动洗涤，再加入酶显色底物显色后，通过与标准点进行比较而定性。

【任务实施】

操作流程如下：

试剂准备→酶联免疫吸附操作→双流向酶联免疫检测读数仪→结果计算。

1. 实验准备

图示	试剂与设备	说明
	试剂和材料： （1）黄曲霉毒素 M_1 双流向酶联免疫试剂盒，2~7℃保存 （2）黄曲霉毒素 M_1 系列标准溶液 （3）酶联免疫试剂颗粒（含特异性酶标抗体） （4）酶结合物 （5）抗黄曲霉毒素 M_1 抗体 （6）酶显色底物	注：黄曲霉毒素 M_1 抗体不应破损，否则应立即销毁 除非另有规定，本方法所用试剂均为分析纯，水为 GB/T 6682—2008 规定的二级水
	仪器和设备： （1）样品试管，带有密封盖，内置酶联免疫试剂颗粒 （2）移液器，（450±50）μL （3）酶联免疫检测加热器，（40±5）℃ （4）双流向酶联免疫检测读数仪	

2. 检验步骤

图示	操作步骤	说明
	（1）加热器预热到（45±5）℃，并至少保持 15 min	
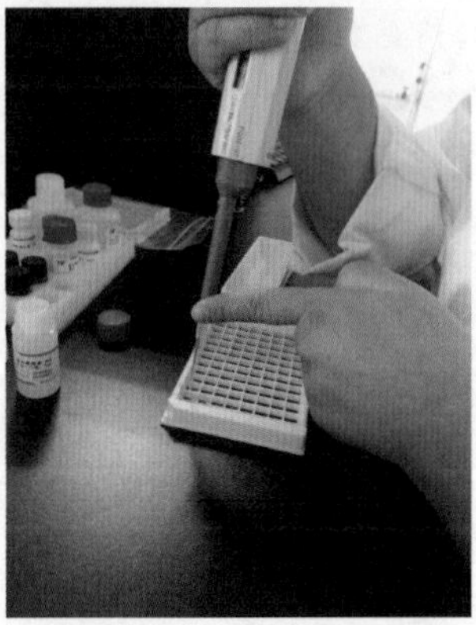	（2）移取液体试样 450 μL 至样品试管（内置酶联免疫试剂颗粒）中，充分振摇，使其中的酶联免疫试剂颗粒完全溶解	注意取样的均一性和代表性，取样前摇晃均匀
	（3）将样品试管和酶联免疫检测试剂盒同时置于预热过的加热器内保温，保温时间为 5~6 min。使试样中的黄曲霉毒素 M_1 和酶联免疫试剂颗粒中的酶标记黄曲霉毒素 M_1 抗体结合	取得样品应尽快检测

续表

图示	操作步骤	说明
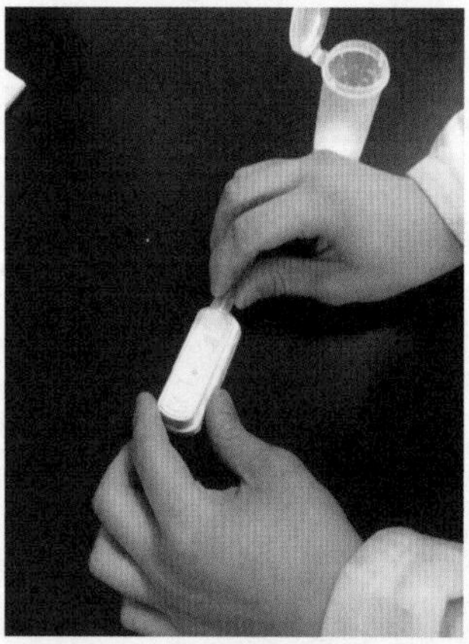	（4）将样品试管内的全部内容物倒入试剂盒的样品池中，样品将流经"结果显示窗口"向绿色的激活环流去	
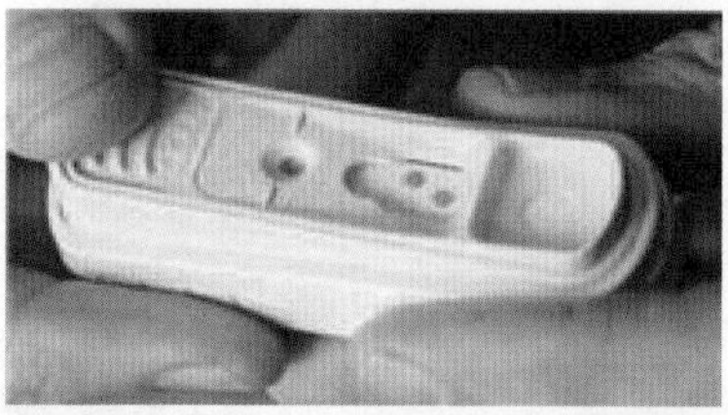	（5）当激活环的绿色开始消失变为白色时，立即用力按下激活环按键	
	（6）试剂盒继续放置在加热器中保温保持4 min，使显色反应完成	
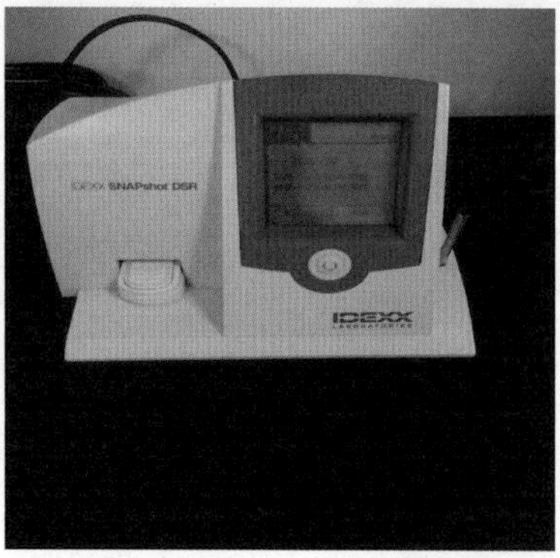	（7）将试剂盒从加热器中取出水平放置，立即进行检测结果判读，结果判读应在1 min内完成	

3.分析结果的表述

（1）目测判读结果

试样点的颜色深于质控点，或两者颜色相当，检测结果为阴性。

试样点的颜色浅于质控点，检测结果为阳性。

（2）双流向酶联免疫检测读数仪判读结果

数值≤ 1.05，显示 Negative，检测结果为阴性。

数值＞ 1.05，显示 Positive，检测结果为阳性。

注：阳性样品需进一步确认。

【考核评价】

素质	内容		评价		
	学习目标	评价项目	个人评价（20%）	小组评价（30%）	教师评价（50%）
知识能力（20分）	应知	1.知道黄曲霉毒素的来源及危害 2.了解黄曲霉毒素的主要检测方法有哪些 3.了解 ELISA 法检测原料乳中的黄曲霉毒素 M_1 的原理及操作步骤			
专业能力（60分）	试剂配制及仪器准备（10分）	1.溶剂的配制准确 2.仪器的准备正确			
	样品的处理（10分）	1.样品的采集符合标准 2.样品预处理符合要求			
	样品的测定（30分）	1.能熟练使用 ELISA 试剂盒对原料乳中黄曲霉毒素 M_1 进行检测 2.能熟练使用酶标仪，操作规范 3.能对检测结果进行初步分析 4.结果记录真实，字迹工整，报告规范			
	遵守安全、卫生要求（10分）	1.遵守实验室安全规范 2.遵守实验室卫生规范			

续表

素质	内容		评价		
	学习目标	评价项目	个人评价（20%）	小组评价（30%）	教师评价（50%）
通用能力（10分）	动作协调能力（5分）	动作标准、仪器操作熟练			
	与人合作能力（5分）	能与同学互相配合，团结互助			
态度（10分）	认真、细致、勤劳	整个实验过程认真、仔细、勤劳			
小计					
总分					

【思考与练习】

1. 黄曲霉毒素 M_1 对人体有哪些危害？

2. 在乳及乳制品中黄曲霉毒素 M_1 的测定中，需要注意哪些问题？

3. 国家标准对乳及乳制品中黄曲霉毒素 M_1 的限量值为多少？

任务2　乳及乳制品中抗生素的检测

【学习目标】

1. 了解生乳中限量的抗生素种类及危害。

2. 学会检测生乳中抗生素的残留量。

【任务引入】

乳制品及乳制品工业的迅速发展，也带动了畜牧业的发展，与此同时，养殖场药物保健概念的兴起，将抗生素的使用推向了高潮。β-内酰胺类、氨基糖苷类、四环素类及大环内酯类等抗生素在乳畜饲养业中广泛应用，抗生素的滥用对养殖业乃至人类的危害性也日益凸显，因此乳及乳制品中抗生素残留的问题日益受到我国乃至国际社会的重视。因此，乳制品检测技术也迅速发展，以寻求简便、快速、准确及灵敏度高的检测方法来满足日趋严格的抗生素残留限量要求，保障消费者饮用乳及乳制品的卫生和安全需求。

【任务分析】

目前乳制品中抗生素残留的检测方法主要有微生物检测法、理化检测法及生化免疫分析法等。本任务选择酶联免疫法对乳及乳制品中的抗生素进行检测。

【相关知识】

一、牛奶中抗生素残留的来源及危害

抗生素作为防病、治病的通用药剂被广泛添加到奶牛饲料和用于奶牛机体注射。用抗生素治疗奶牛常见的感染性疾病，在牛饲料中添加一定比例的抗生素用于预防疾病，是乳中抗生素残留的主要原因。但往往兽用抗生素用量远远超过了治疗动物疾病的需要量，因此，乳及乳制品中抗生素残留是一个普遍现象。此外，一些不法饲养户和经营商为了防止牛乳酸败变质而非法在其中掺入抗生素，也会导致乳中抗生素的残留。

饮用含抗生素的乳制品后，低剂量的抗生素残留会抑制或杀死人体内的有益菌，并可使致病菌产生耐药性，一旦患病再使用同种抗生素进行治疗则难以奏效，而对于抗生素过敏体质的人，严重者可能会发生过敏反应。另外，如果用含有抗生素的原料乳做酸奶或乳酪制品，残留在其中的抗生素会抑制乳酸菌的发酵过程，使产品的质量降低。

乳及乳制品中抗生素的残留问题日益受到国际社会的重视。"无抗奶"即为不含抗生素的牛乳，或者是"抗生素残留未检出"的牛乳。欧美国家早在20世纪中期就明确禁止抗生素残留超标的乳制品上市售卖，无抗奶已成为国际通用的原料乳收购标准，一个企业的乳制品要想进入国际市场，原料乳检测必须达到"无抗"标准。

二、ELISA 技术在乳制品抗生素残留检测中的应用

目前乳制品中抗生素残留的检测方法主要有微生物法、理化法和生化免疫分析法等。

微生物检测法是根据抗生素可对微生物的生理机能及代谢产生抑制作用的特点，来定性或定量检测样品中抗微生物药物的残留，如纸片法（PD）、TTC法和拭子法等，目前应用较为广泛，但微生物检测法存在较多弊端，如耗时较长、操作复杂，通过肉眼辨别显色状态易产生误差等。而理化检测法多借助于高精度仪器设备，如HPLC、GC、MS及其联用技术等，其中HPLC及HPLC-MS是较常用到的，精密度高、可定性定量检测；但待检样品需经一系列的前处理，操作烦琐、耗时较长，还必须有价格昂贵的仪器设备，因此多限制在大型实验室使用，适于精确测定。

针对微生物检测法及理化检测法的应用弊端，酶联免疫法以操作简单、及时、成本低等优点逐渐在乳制品抗生素残留检测中被广泛应用。目前使用的生化免疫分析技术是以待测抗原（或抗体）与酶标抗体（或抗原）的特异性结合反应为基础，通过酶活力的检测来确定抗原（或抗体）的含量。抗生素是一种小分子半抗原，小分子抗原或半抗原缺乏可做夹心法的两个以上位点，因此采用竞争法的酶联免疫分析法是最理想的模式。

酶联免疫法（ELISA）测定，结合了免疫反应和酶催化反应，是一种特异而又敏感的技术，取样量小、前处理简单、容量大，仪器化程度低，敏感性和特异性好，检测原料乳与气质联用法的灵敏度相似，可轻松达到ng/g级至pg/g级，分析效率远高于普通液相或气相色谱法，是目前牛场及乳品加工企业使用最为广泛的检测抗生素残留的方法。目前，大部分抗生素都已经建立了免疫测定法，如氯霉素、四环素、链霉素、磺胺二甲基嘧啶和沙拉沙星等，运用ELISA检测，几分钟即可检测出牛乳中各类抗生素的残留含量，快速准确，可实时了解乳源情况，快速监控牧场用药的情况。ELISA还具有可同时处理大批量样品的优点，所以在乳及乳制品抗生素残留分析的前景极佳。

【任务实施】

具体操作流程如下：

实验准备→样品测定→结果判定。

1. 实验准备

图示	试剂与设备	说明
	试剂和材料： 抗生素检测试剂盒	未使用检测板须保存在0~7℃条件下，室内温度要保持在18~29 ℃，从冰箱取出，需回温后使用
	仪器和设备： （1）抗生素检测仪 （2）移液器，（450±50）μL （3）加热器，（40±5）℃	

2. 检验步骤

图示	操作步骤	说明
	（1）打开仪器进行预热、校准：将标准的阴性板和阳性板分别插入读数仪中，每个板读两次，并记录结果	阴性板误差范围 ±0.15，阳性板误差范围 ±0.45

续表

图示	操作步骤	说明
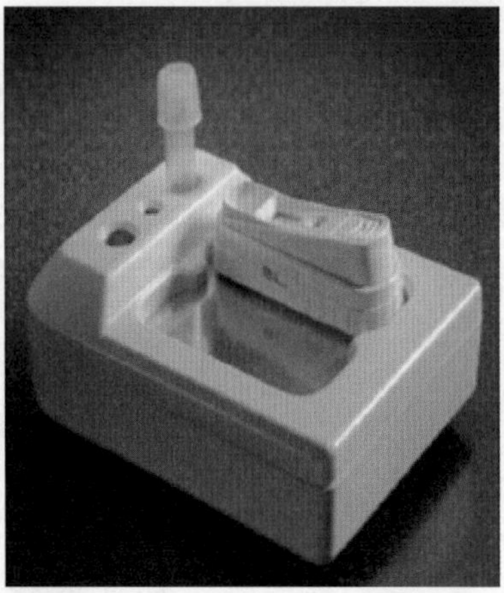	（2）预热：取出检测板包装，把检测板放在加热器中	使用前检查每一个样品管中是否有蓝色药球
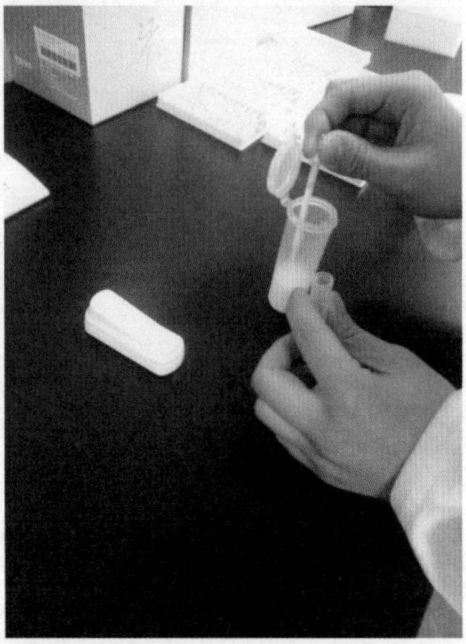	（3）移取样品：用吸管吸取充分混匀的待检奶样（450±50）μL，加到带有蓝色药球的样品管中，摇动奶样直到样品管中的蓝色药球溶解	吸奶样时，奶样必须混匀，并从中部慢慢吸，避免产生气泡 应垂直加入标本或试剂，液体尽量加在板孔的孔底，避免加在孔壁上部，并注意不可溅出
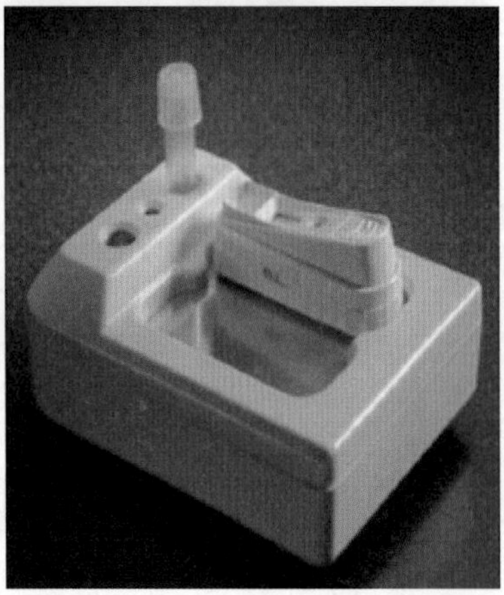	（4）温育：把此样品管插到已预热的加热器中，在（45±5）℃保持5 min	

续表

图示	操作步骤	说明
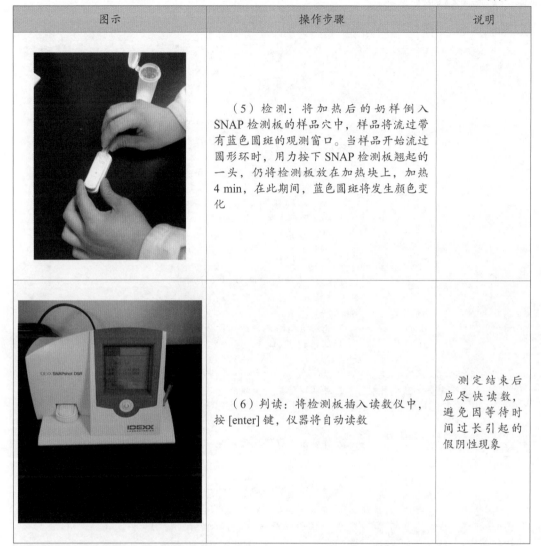	（5）检测：将加热后的奶样倒入 SNAP 检测板的样品穴中，样品将流过带有蓝色圆斑的观测窗口。当样品开始流过圆形环时，用力按下 SNAP 检测板翘起的一头，仍将检测板放在加热块上，加热 4 min，在此期间，蓝色圆斑将发生颜色变化	
	（6）判读：将检测板插入读数仪中，按 [enter] 键，仪器将自动读数	测定结束后应尽快读数，避免因等待时间过长引起的假阴性现象

3. 结果判定

数值＜ 0.04 ppb，检测结果为阴性。

数值 ≥ 0.04 ppb，检测结果为阳性。

注：阳性样品需进一步确认。

【考核评价】

素质	内容		评价项目	评价		
	学习目标			个人评价（20%）	小组评价（30%）	教师评价（50%）
知识能力（20分）	应知		1.知道生乳中抗生素残留的原因 2.知道生乳中抗生素残留的危害 3.知道抗生素残留的检测方法及检测原理			
专业能力（60分）	样品的处理（20分）		1.样品取样与制备符合标准 2.样品提取动作熟练，提取完全			
	样品的测定（30分）		1.能熟练使用检测仪对生乳中的抗生素残留进行检测，操作规范熟练 2.能对检验结果进行初步分析 3.结果记录真实，字迹工整，报告规范			
	遵守安全、卫生要求（10分）		1.遵守实验室安全规范 2.遵守实验室卫生规范			
通用能力（10分）	动作协调能力（5分）		动作标准、仪器操作熟练			
	与人合作能力（5分）		能与同学互相配合，团结互助			
态度（10分）	认真、细致、勤劳		整个实验过程认真、仔细、勤劳			
小计						
总分						

【思考与练习】

1. 生乳中限定的抗生素都有哪些？限量值分别为多少？

2. 牛奶中抗生素残留对人体有哪些危害？

3. 检测当地产生乳中的抗生素残留量并写出实验报告。

任务 3　牛奶中金黄色葡萄球菌的快速检测

>>> 【学习目标】

1. 了解金黄色葡萄球菌的生物学特性及致病性。
2. 掌握牛奶中金黄色葡萄球菌的快速检测方法。
3. 能按照生物安全操作规范，完成牛奶中金黄色葡萄球菌的检测。
4. 能够按现场 5S 及相关标准，整理现场及处理废弃物。

【任务引入】

2000 年，日本发生了第二次世界大战后规模最大的食物中毒事件，1.4 万人因食用雪印牌牛奶而出现上吐下泻、腹痛等不适症状。事件发生后，经大阪府公共卫生研究所证实，从患者饮用剩余的雪印牛奶中检查出了金黄色葡萄球菌，受害者依法对生产问题牛奶的企业提出索赔并赢得诉讼，问题奶厂也因此事件最终破产倒闭。由此可见金黄色葡萄球菌检测对于食品安全的重要性。本任务将以牛奶为例，完成金黄色葡萄球菌的快速检测。

【任务分析】

金黄色葡萄球菌是常见的致病菌，广泛存在于自然界中，如土壤、空气、水及人和动物的皮肤、鼻腔、咽喉等处，因而食品受其污染的机会很多。金黄色葡萄球菌一般通过以下途径污染食品：食品在加工前本身带菌，如金黄色葡萄球菌感染母畜发生乳腺炎导致乳制品污染；在加工过程中受到污染；包装、储存和运输过程中受到二次污染等。金黄色葡萄球菌作为一种重要的病原菌和食源性致病菌，在食品检验中受到很大的关注。金黄色葡萄球菌的检验方法有中华人民共和国国家标准（GB）、出入境检验检疫行业标准（SN）、ISO 标准方法、AOAC 官方方法及快速检测法等，其中快速检测法有着操作简单、节约时间等特点。

【相关知识】

一、金黄色葡萄球菌

1. 金黄色葡萄球菌的生物学特性

金黄色葡萄球菌为革兰氏阳性球菌，直径为 0.4～1.2 μm，无芽孢、无鞭毛，大多数无荚膜，在显微镜下呈葡萄串状排列，如图7—3—1所示。金黄色葡萄球菌为需氧或兼性厌氧菌，最适生长温度为37 ℃，最适生长 pH 值为7.4，其对于营养要求不高，在普通培养基上即可生长良好，如图7—3—2所示。该菌的耐盐性比较强，可在10%氯化钠肉汤中生长。金黄色葡萄球菌可分解葡萄糖、麦芽糖及乳糖等，产酸不产气，在厌氧条件下可以分解甘露醇，甲基红反应为阳性。该菌的血浆凝固酶实验为阳性，在琼脂平皿上会产生 β 溶血环。

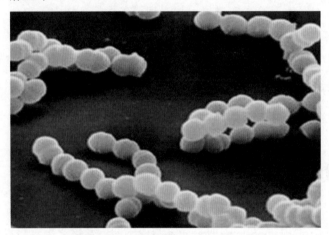

图7—3—1　金黄色葡萄球菌电镜照片

2. 金黄色葡萄球菌的致病性

金黄色葡萄球菌是人类化脓感染中常见的病原微生物，可引起局部化脓感染，也可引起肺炎、脑膜炎等内脏器官感染，严重时甚至会引发败血症、脓毒症等全身感染。该菌能产生肠毒素，人类误食受其污染的食物后，肠毒素会作用于肠壁，刺激呕吐中枢，产生急性胃肠炎症状，如呕吐和腹泻，还可产生溶血毒素和杀白细胞毒素等。金黄色葡萄球菌的致病性不仅取决于其产生的毒素，而且与其产生的酶密切相关，如金黄色葡萄球菌能产生溶纤维蛋白酶、透明质酸酶及脱氧核糖核酸酶、血浆凝固酶等。因为大多数致病性葡萄球菌能产生血浆凝固酶，而非致病性菌一般不产生此酶，所以血浆凝固酶可作为鉴别葡萄球菌有无致病性的重要指标。图7—3—2所示为金黄色葡萄球菌在 Baird-Parker 琼脂平皿上的典型菌落形态。

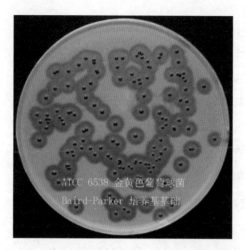

图 7—3—2 金黄色葡萄球菌在 Baird-Parker 琼脂平皿上的典型菌落形态

二、金黄色葡萄球菌的快速检验方法

食品中金黄色葡萄球菌的检验方法可分为传统方法和快速方法。快速检验方法包括测试片法、乳胶凝集试验和 DNA 分子探针技术等，其中测试片法使用比较广泛，可以采用 3M Petrifilm™ 测试片等。

1. 测试片快速检测法

3M Petrifilm™ 测试片内含冷水可溶性凝胶，是一种无须耗时准备培养基的快速检测系统，如图 7—3—3 所示。3M Petrifilm™ 金黄色葡萄球菌测试片内含改良的 Baird-Parker 培养基，适合金黄色葡萄球菌在其培养基上选择性生长，并能将其鉴定出来。在测试片上金黄色葡萄球菌生长为暗紫色菌落。如果测试片上还有其他可疑的菌落出现，可以使用确认反应片对可疑菌落进行辨认确定。

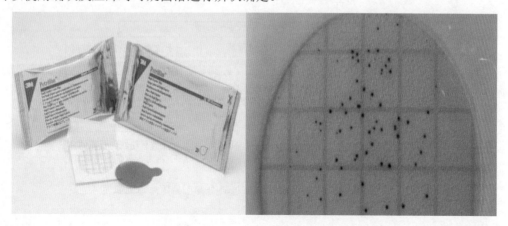

图 7—3—3 3M Petrifilm™ 快速测试片

2. 乳胶凝集试验

乳胶凝集试验是一种免疫学方法，在金黄色葡萄球菌的检验中，既可以作为初筛，也可以作为确认方法之一。这一类产品很多，如法国生物梅里埃公司的 Slidex Staph-kit 等。用接种环挑取 Baird-Parker 琼脂平皿上的典型菌落或可疑菌落，划线接种于胰酪胨大豆琼脂（TSA）。培养后将纯菌落涂在反应卡上与聚苯乙烯乳胶颗粒混合，乳胶颗粒上包被有抗蛋白 -A、IgG、与蛋白 -A 及凝固酶结合的纤维原。大约 1 min 内观察结果，如有金黄色葡萄球菌的存在，则会发生凝集反应。

3.DNA 探针技术

利用杂交保护分析技术（HPA）进行杂交，可用于食品中金黄色葡萄球菌的检验和鉴定。待测菌的细胞经溶解后，释放出目标 rRAN，目标 rRAN 在 60 ℃与标记物探针杂交，形成有标记物的杂种 DNA，在选择性试剂的作用下，游离探针的化学发光标记物溶解，杂种 DNA 的化学发光标记物受到保护。加入检测试剂后，化学发光分子被氧化、水解发出强光，再用 Leader 发光仪检测光强度。

【任务实施】

操作流程如图 7—3—4 所示。

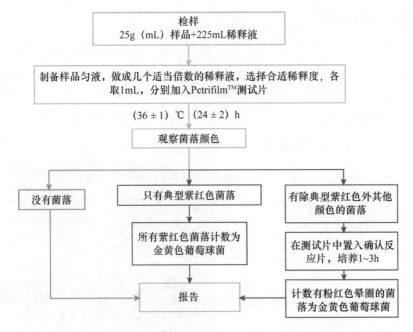

图 7—3—4 Petrifilm^{TM} 测试片法检测金黄色葡萄球菌流程图

1. 实验准备

图示	设备与材料	说明
	主要仪器： （1）恒温培养箱：（36±1）℃ （2）冰箱：2～5℃ （3）天平：感量为 0.1 g	恒温培养箱需按要求定期校正
	其他设备与材料： （1）1 mL 无菌吸管 3 支，10 mL 无菌吸管 1 支 （2）无菌锥形瓶（225 mL 灭菌生理盐水） （3）无菌试管 3 支 （4）一次性无菌接种环	1 mL 无菌吸管，具有 0.01 mL 刻度；10 mL 无菌吸管，具有 0.1 mL 刻度
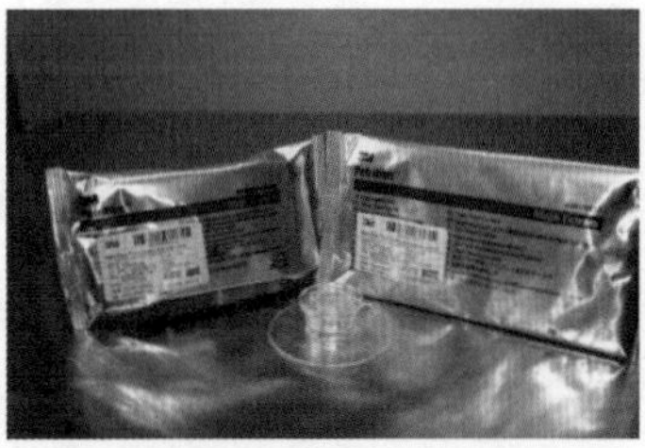	测试片及压板： （1）3M 金黄色葡萄球菌快速测试片 （2）3M 金黄色葡萄球菌快速确认片 （3）压板	测试片需按说明进行保存
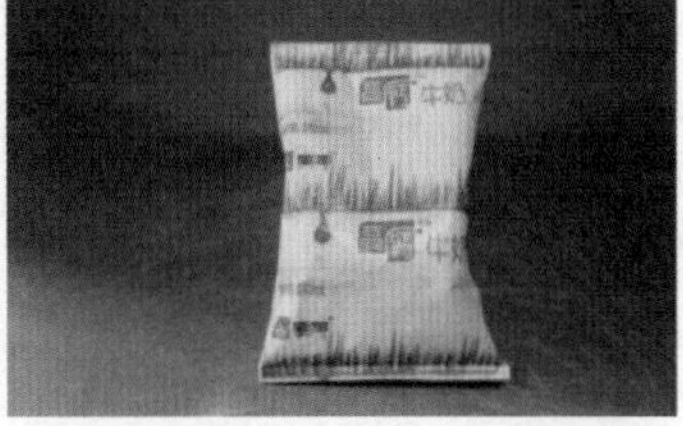	样品：市售牛奶	本任务选用市售的牛奶为实验样品

2. 样品制备

图示	操作步骤	说明
	（1）以无菌操作，量取25 mL样品置于装有225 mL生理盐水的无菌均质杯（锥形瓶）内，混匀，制成1：10的样品匀液	注意火焰周围为无菌环境，严格按照无菌操作流程进行操作
	（2）10倍稀释液的制备：用1 mL无菌吸管或微量移液器吸取1：10样品匀液1 mL，沿管壁缓慢注入装有9 mL生理盐水的无菌试管中	注意吸管或吸头尖端不要触及稀释液
	（3）按上述操作程序，以此类推，连续稀释，制备10倍系列稀释样品匀液（例如，$10^{-4} \sim 10^{-2}$倍稀释液）	每递增稀释一次，换用一支1 mL无菌吸管，避免干扰检测数据

3. 接种

图示	操作步骤	说明
	（1）以无菌方式用剪刀沿裁剪线将包装袋剪开，取出测试片	取出本次检测所需数量的测试片，剩余测试片勿动

续表

图示	操作步骤	说明
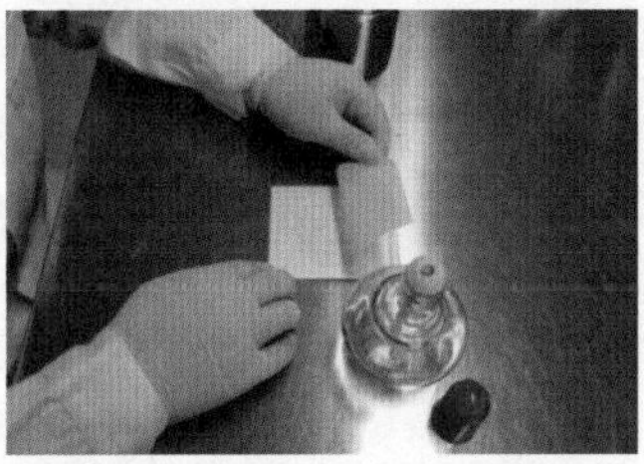	（2）将测试片放置在平坦的操作台面上，轻缓掀起上层膜	注意操作动作轻缓
	（3）使用吸管将 1 mL 样液垂直滴加在测试片的中央	
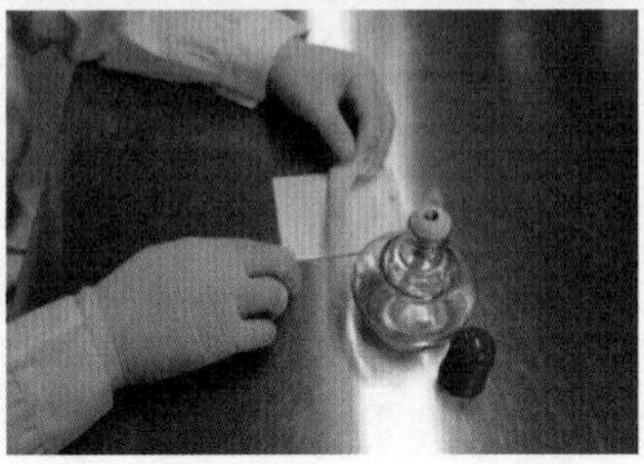	（4）小心盖回上层膜，避免气泡进入	切勿滚动上层膜
	（5）使用压板放置在上层膜的中央。轻轻地压下压板，使样品液均匀覆盖于圆形的培养面积上	压板隆起面朝下，切勿扭转或滑动压板
	（6）拿起压板，静置 1 min，使培养基凝固	在进行接种下一个样品前，先以压板将此次接种的测试片压好（测试片中的冷水可溶胶很快就会凝固）

4. 培养

图示	操作步骤	说明
	测试片的透明膜朝上，置于恒温培养箱中培养，（36±1）℃下培养（24±2）h，观察结果	测试片最多堆叠不超过20片

5. 结果判断

图示	操作步骤
	（1）测试片上只有暗紫红色菌落出现 如果只有暗紫红色菌落出现，直接计算所有暗紫色菌落数目，即为金黄色葡萄球菌数。如图所示，金黄色葡萄球菌数为11，再乘以对应稀释倍数
	（2）测试片上无菌落出现 如果测试片经过24 h培养后无菌落出现，则直接报告测试结果为0。如图所示，金黄色葡萄球菌数为0
	（3）测试片上菌落大小有差异 测试片上金黄色葡萄球菌的菌落大小可能存在差异，计算菌落时，无论菌落大小均应计算，如肉眼看不清，可以使用菌落计数器。如图所示，金黄色葡萄球菌数为24，再乘以对应稀释倍数

续表

图示	操作步骤
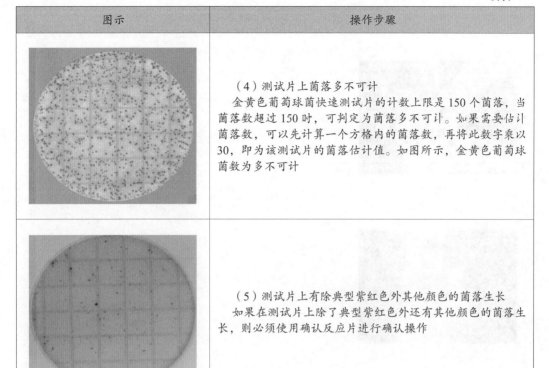	（4）测试片上菌落多不可计 　　金黄色葡萄球菌快速测试片的计数上限是150个菌落，当菌落数超过150时，可判定为菌落多不可计。如果需要估计菌落数，可以先计算一个方格内的菌落数，再将此数字乘以30，即为该测试片的菌落估计值。如图所示，金黄色葡萄球菌数为多不可计
	（5）测试片上有除典型紫红色外其他颜色的菌落生长 　　如果在测试片上除了典型紫红色外还有其他颜色的菌落生长，则必须使用确认反应片进行确认操作

6. 确认反应片的使用操作

图示	操作步骤	说明
	（1）以无菌操作方式用剪刀沿裁剪线将包装袋剪开，取出确认反应片	
	（2）将测试片的上层膜掀起，将确认反应片放入测试片的培养基范围内	

续表

图示	操作步骤	说明
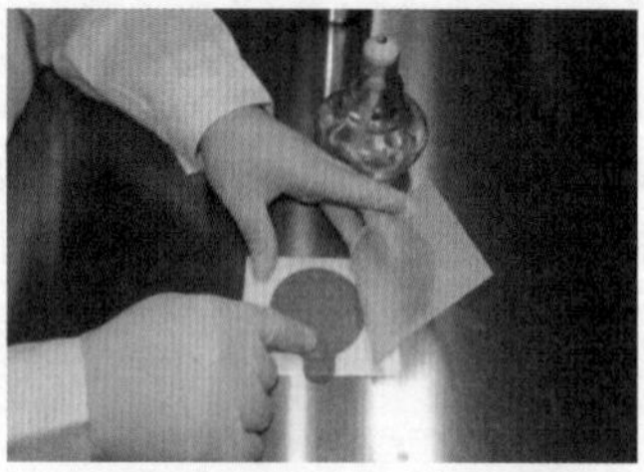	（3）用手指轻轻将确认反应片与测试片压紧，使试片与确认反应片紧密接触，并去除气泡	压紧时注意测试片边缘也应压紧
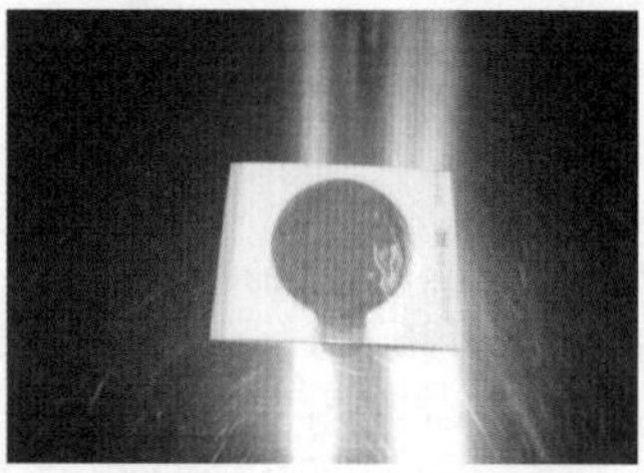	（4）将上层膜轻轻放下，覆盖确认反应片	
	（5）培养：将测试片再次放入培养箱中培养 1～3 h	插入确认反应片后培养时间不要超过 3 h。测试片最多堆叠不超过 20 片
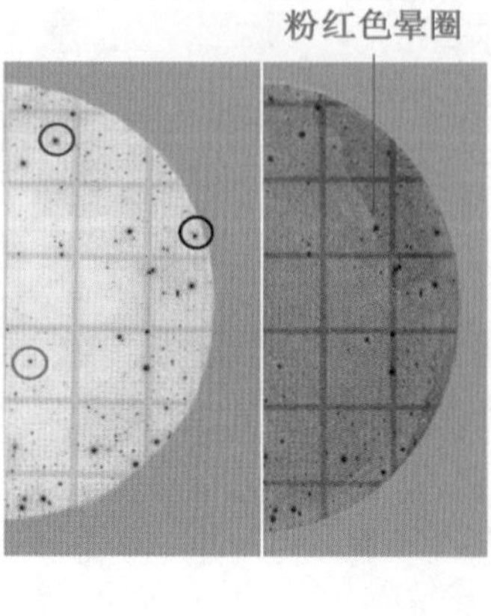 粉红色晕圈 	（6）计算：计算所有粉红色晕圈的菌落，即为金黄色葡萄球菌菌落，再按上述步骤计算结果	如需进一步鉴别，可将测试片的上层膜掀起，从培养基上挑取菌落，做进一步鉴别

【知识拓展】3M Petrifilm™ 金黄色葡萄球菌测试片、确认反应片的储藏

未开封的测试片及确认反应片应在低于 8 ℃的环境中储藏，并在包装标识的有效期内使用。在使用测试片前应先将测试片恢复到室温后再打开使用，防止水汽的凝结。对于已开封的测试片、确认反应片，在储藏前应将开口反折，用胶带封好，如图 7—3—5 所示，并储藏于低于 25 ℃及相对湿度低于 50%的环境中。开封后的测试片及确认反应片为了防止受潮，切勿冷藏，并于开封后一个月内使用完毕。

图 7—3—5　开封的测试片

【考核评价】

素质	内容		评价		
	学习目标	评价项目	个人评价（20%）	小组评价（30%）	教师评价（50%）
知识能力（20分）	应知	1.知道金黄色葡萄球菌的生理生化性质 2.知道金黄色葡萄球菌的危害 3.掌握金黄色葡萄球菌的快速检测方法及原理			

续表

素质	内容		评价		
	学习目标	评价项目	个人评价（20%）	小组评价（30%）	教师评价（50%）
专业能力（60分）	试剂配制及仪器准备（10分）	1. 试剂的配制准确 2. 仪器的准备正确			
	样品的处理（20分）	1. 样品的采集符合标准 2. 样品的制备动作熟练 3. 样品的处理过程符合无菌操作要求			
	样品的测定（25分）	1. 能使用卡片法对食品中金黄色葡萄球菌进行检测 2. 无菌操作动作规范、熟练 3. 能对检测结果进行初步分析 4. 结果记录真实，字迹工整			
	遵守安全、卫生要求（5分）	1. 遵守实验室安全规范 2. 遵守实验室卫生规范			
通用能力（10分）	动作协调能力（5分）	动作标准、仪器操作熟练			
	与人合作能力（5分）	能与同学互相配合，团结互助			
态度（10分）	认真、细致、勤劳	整个实验过程认真、仔细、勤劳			
小计					
总分					

【思考与练习】

1. 简述金黄色葡萄球菌的生物学特性。

2. 金黄色葡萄球菌测试片如何储存？

3. 完成奶酪中金黄色葡萄球菌的快速检测。

任务 4　乳粉中沙门氏菌的快速检测

》》》【学习目标】

1. 了解沙门氏菌的生物学特性及致病性。
2. 掌握乳粉中沙门氏菌的快速检测方法。
3. 能按照生物安全操作规范，完成乳粉中沙门氏菌的快速检测。
4. 能够按现场 5S 及相关标准，整理现场及处理废弃物。

【任务引入】

美国疾病控制与预防中心（CDC）发布的报告显示，美国曾有 11 个州爆发沙门氏菌感染事件。美国食源性疾病主动监测网运用其建立的模型评估认为，美国每年有 140 万非伤寒沙门氏菌病例，导致 16.8 万人次就诊、1.5 万人次住院和 400 人死亡。而我国由沙门氏菌引起的食源性疾病居细菌性食源性疾病的首位。该病菌对人类健康影响风险较高、造成的经济损失和社会负担较大。本任务将以乳粉为例，完成乳粉中沙门氏菌的快速检测。

【任务分析】

沙门氏菌病是公共卫生学上具有重要意义的人畜共患病之一，可存在于多类食品中，包括奶制品、肉制品、蛋类、海产品、调料、甜点和饮料等。食品在加工、运输及出售过程中往往容易被沙门氏菌污染。沙门氏菌引起的食物中毒属于感染型食物中毒，中毒症状以急性胃肠炎为主，潜伏期一般为 4～48 h。该菌的主要检验方法是《食品微生物学检验　沙门氏菌检验》（GB 4789.4—2010），但需要时间较长。在乳制品中，生乳易受沙门氏菌污染，并容易大量繁殖，经加工的乳制品细菌数会大大减少，但仍存在被沙门氏菌污染的风险。本任务将以乳粉为例，采用快速纸片法完成乳粉中沙门氏菌的检测。

【相关知识】

一、沙门氏菌

沙门氏菌是最常见的食源性致病微生物之一，归属于沙门氏菌属，是一群在形态结构、培养特性、生化特性和抗原构造等方面极为相似的革兰氏阴性杆菌，如图7—4—1所示。沙门氏菌目前已经发现2 579种以上，按抗原成分可分为甲、乙、丙、丁、戊等基本菌型。感染沙门氏菌的人或带菌者的粪便污染的食品，可使人发生食物中毒，细菌性食物中毒的病原菌大多数为沙门氏菌。所以，沙门氏菌对食物卫生管理有着重要的意义。

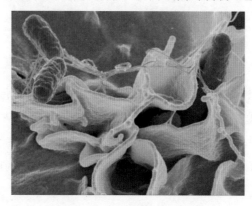

图7—4—1　鼠伤寒沙门氏菌

沙门氏菌为革兰氏阴性两端钝圆的短杆菌，其形态大小为（1~3）μm×（0.4~0.9）μm，无荚膜和无芽孢。沙门氏菌为需氧或兼性厌氧菌，在10～42 ℃时均能生长，最适生长温度为37 ℃，生长的最适pH值为7.2～7.4。沙门氏菌在普通营养培养基上均生长良好，培养18～24 h后，形成中等大小、圆形、表面光滑、无色半透明且边缘整齐的菌落，如图7—4—2所示。

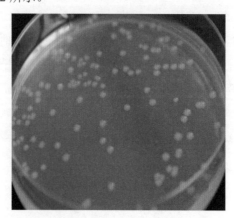

图7—4—2　沙门氏菌在PCA琼脂平皿的菌落形态

　　沙门氏菌对热、消毒药及外界环境的抵抗力不强，在 60 ℃时，20～30 min 即被杀死。此外，沙门氏菌在粪便中可存活 1～2 个月，在冰雪中可存活 3～4 个月，在水、乳及肉类中能存活几个月。当油炸或水煮大块鱼、肉或香肠时，若食品内部温度不足以杀死细菌和破坏毒素的情况下，就会有活菌残留或毒素存在的可能。

二、沙门氏菌的传播途径及预防措施

1. 沙门氏菌的传播途径

　　沙门氏菌的感染在一年四季均可能发生，流行形式一般呈散发性或是地方流行性。沙门氏菌主要通过三种途径进行传播：

　　（1）食物传播。沙门氏菌在食物内可以大量繁殖，食物传播是引起人类沙门氏菌感染的主要途径。如果人类进食了被该菌污染而未煮透的食品，如肉类、内脏和蛋类等即可引起感染。在乳制品中，生牛乳、羊乳也可被沙门氏菌污染，故消费者食用未经消毒的牛乳、羊乳也可引起感染。

　　（2）水源传播。沙门氏菌可以通过动物和人的粪便污染水源，人类如果饮用此种被污染的水源也可发生感染。如果供水系统被污染，亦可引起该菌的污染。

　　（3）直接接触或通过污染用具传播。沙门氏菌可因与病人直接接触或通过染菌用具传播。此种传播方式可见于医院中，感染可通过医务人员的手带菌或经污染的医疗用具传播，以婴儿室、儿科病房较为常见。该种传播方式也可以由老鼠、蟑螂等通过偷吃食品污染环境而造成人类感染。

2. 沙门氏菌的预防措施

　　在日常生活中要养成良好的卫生习惯，以预防沙门氏菌的污染。首先，注意饭前、便后要洗手。在日常饮食方面，注意不吃生肉或未经彻底煮熟的肉，不吃生鸡蛋、不喝生奶，如需进食剩饭、剩菜，则应对其彻底进行加热后再食用。在食物加工过程中，注意厨房的砧板要生熟分开使用，尤其是加工生海鲜产品和生肉类食品后，务必将砧板洗净、晒干，以免污染其他食物。生肉制品（家禽肉、牛肉及猪肉等）、海产品等均应视为可能受污染的食物，在条件允许的情况下，新鲜肉应该放在干净的塑料袋内，以免渗出血水污染其他食物。对于市场销售的各种即食食品，应尽量购买正规品牌且包装完好的产品，并注意生产日期和保质期，食用前应仔细检查包装是否完整，是否有变质等情况。

【任务实施】

　　操作流程如下：

实验准备→样品增菌→水化测试片→接种→培养→阳性结果观察与判断。

1. 实验准备

图示	设备与材料	说明
	主要仪器： （1）恒温培养箱：（41.5 ± 1）℃ （2）冰箱：2 ~ 5 ℃ （3）天平：感量为 0.1 g （4）均质机	恒温培养箱需按要求定期校正
	其他设备与材料： （1）1 mL 无菌吸管 3 支，10 mL 无菌吸管 1 支 （2）无菌锥形瓶（225 mL 灭菌生理盐水） （3）无菌均质袋 （4）无菌试管 3 支 （5）一次性无菌接种环	
	测试片及压板： （1）3M 沙门氏菌快速测试片 （2）3M 沙门氏菌培养基（按要求试验前配制、灭菌） （3）压板	测试片需按说明进行保存
	样品：市售乳粉	本任务选用市售的乳粉为实验样品

2. 培养基制备

图示	操作步骤	说明
	（1）增菌肉汤培养基 　　按照标签说明配制增菌肉汤培养基	按照实际培养基的需要量进行计算，现用现配
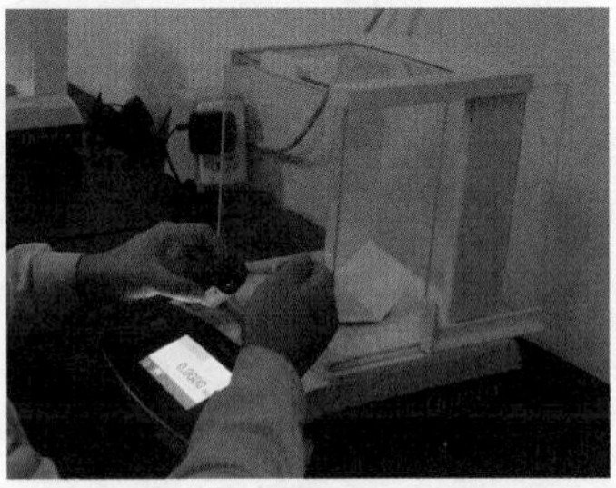	（2）称量培养基补充物 　　按照标签说明，称量3M沙门氏菌增菌补充物	例如，50 mg增菌补充物，加到1L灭菌的增菌肉汤中。根据实际需要量进行称量
	（3）将称量好的3M沙门氏菌增菌补充物添加到已灭好菌的增菌肉汤培养基中	

3. 样品增菌

图示	操作步骤	说明
	（1）以无菌操作，称取25 g样品置于装有225 mL预置备的3M增菌培养基的无菌采样袋中	3M增菌培养基在实验前按照说明配制并灭菌，备用

续表

图示	操作步骤	说明
 	（2）用拍击式均质器拍打 1～2 min，制成 1：10 的样品匀液	（1）拍打前一定要将均质袋中的空气排净，避免影响拍打效果 （2）拍打前要将均质袋放置在均质器较为中央的部位，保证拍打均匀
	（3）培养：将增菌液在（41.5±1）℃条件下培养 18～24 h，培养后，增菌液即可进行检测	

4. 水化测试片

图示	操作步骤	说明
	（1）以无菌方式用剪刀将包装袋剪开，取出测试片	注意无菌操作
	（2）将测试片放在平坦且水平的表面上，掀起上层膜，将 2 mL 反渗透水、无菌水及无菌磷酸缓冲液垂直滴在底层薄膜的中央	水化时要在避光条件下进行

续表

图示	操作步骤	说明
	（3）轻轻地将上层膜缓慢盖下，避免有气泡产生	切勿使上层膜直接落下
	（4）将扁平压板放在测试片中央，轻轻地压按压板的中心，使稀释液均匀覆盖。室温避光静置 1 h	请勿在薄膜上滑动压板。注意避光静置

5. 接种

图示	操作步骤	说明
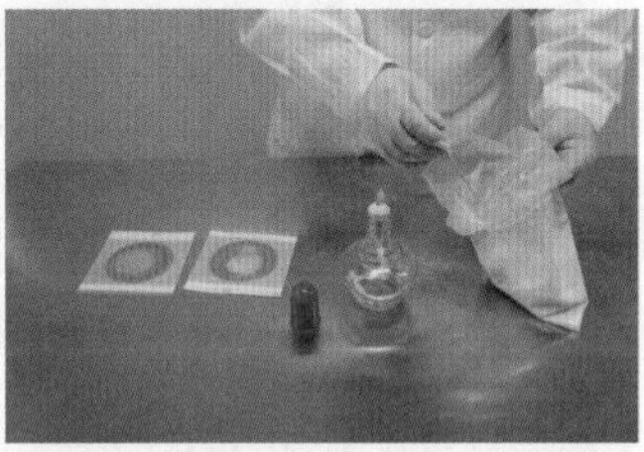	（1）用接种环蘸取一满环增菌液	划线时必须是一满环的增菌液
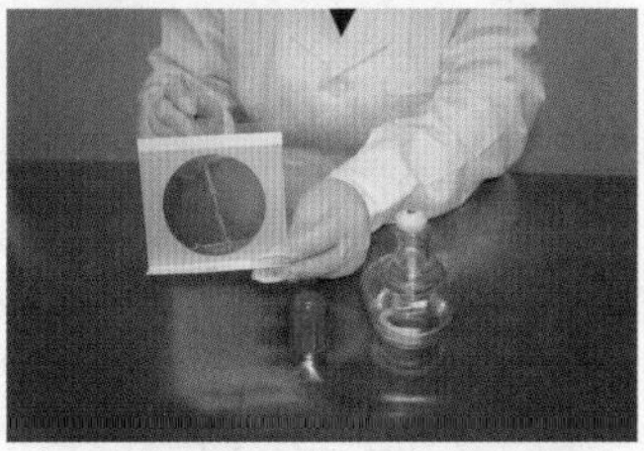	（2）在水化好的测试片上进行划线接种，采用一步划线接种法	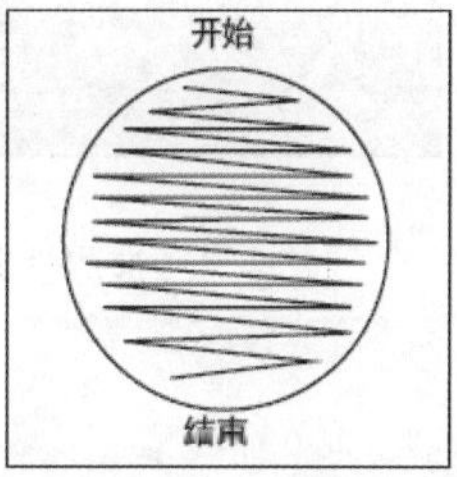
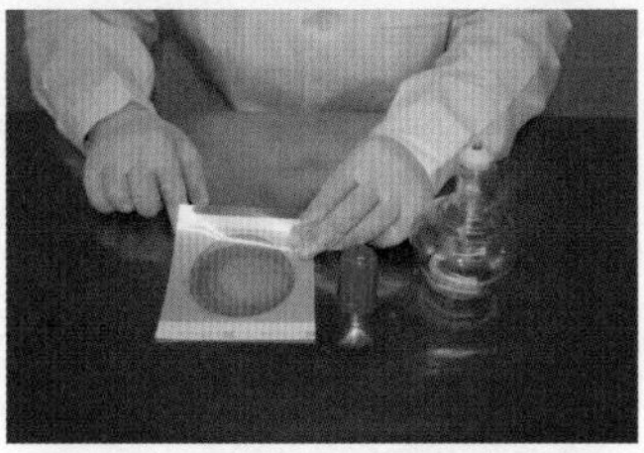	（3）划线接种后，轻轻将测试片上层膜盖回，轻轻压紧，避免有气泡产生	盖回动作要轻缓，避免有气泡产生及培养基外溢

续表

图示	操作步骤	说明
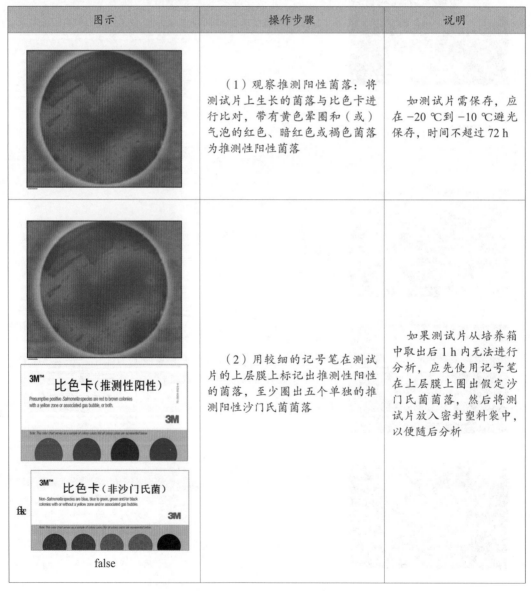	（4）检测片移至（41.5±1）℃培养箱，培养22～24 h	

6. 沙门氏菌阳性结果观察与判断

图示	操作步骤	说明
	（1）观察推测阳性菌落：将测试片上生长的菌落与比色卡进行比对，带有黄色晕圈和（或）气泡的红色、暗红色或褐色菌落为推测性阳性菌落	如测试片需保存，应在 −20 ℃到 −10 ℃避光保存，时间不超过72 h
3M™ 比色卡（推测性阳性） Presumptive positive Salmonella species are red to brown colonies with a yellow zone or associated gas bubble, or both. 3M 3M™ 比色卡（非沙门氏菌） Non-Salmonella species are blue, blue to green, green and/or black colonies with or without a yellow zone and/or associated gas bubble. 3M false	（2）用较细的记号笔在测试片的上层膜上标记出推测性阳性的菌落，至少圈出五个单独的推测阳性沙门氏菌菌落	如果测试片从培养箱中取出后1 h内无法进行分析，应先使用记号笔在上层膜上圈出假定沙门氏菌菌落，然后将测试片放入密封塑料袋中，以便随后分析

续表

图示	操作步骤	说明
	（3）如果发现有推测性阳性沙门氏菌菌落，应掀开测试片上层膜，加入确认反应片	加入确认反应片后，推测性阳性菌落的颜色会变得和非沙门氏菌菌落的颜色一样
	（4）再将测试片缓慢盖回，置于（41.5±1）℃培养箱培养4～5 h后，观察结果	在加入确认反应片前一定要先标记出推测性阳性的菌落
	（5）仅观察被标记的菌落颜色的变化情况。若菌落颜色变为蓝色，则该菌落被确认为沙门氏菌，即可计数	

【知识拓展】

在沙门氏菌阳性结果观察与判断时，可采用表格的形式，一边观察，一边进行观察结果记录，记录表格见表7—4—1。

表7—4—1　　　　　　　　　沙门氏菌结果观察表

菌落颜色			菌落代谢		结果
红色	暗红色	棕色	黄色圈	气泡	
√			√		假定＋
√				√	假定＋
√			√	√	假定＋

续表

菌落颜色			菌落代谢		结果
红色	暗红色	棕色	黄色圈	气泡	
	√		√		假定＋
	√			√	假定＋
	√		√	√	假定＋
		√	√		假定＋
		√		√	假定＋
		√	√	√	假定＋

【考核评价】

素质	内容		评价		
	学习目标	评价项目	个人评价（20%）	小组评价（30%）	教师评价（50%）
知识能力（20分）	应知	1. 知道沙门氏菌的生物学性质 2. 知道沙门氏菌的危害 3. 掌握沙门氏菌的传播途径和预防措施			
专业能力（60分）	试剂配制及仪器准备（10分）	1. 试剂的配制准确 2. 仪器的准备正确			
	样品的处理（20分）	1. 样品的采集符合标准 2. 样品的制备动作熟练 3. 样品的处理过程符合无菌操作要求			
	样品的测定（25分）	1. 能使用卡片法对食品中沙门氏菌进行检测 2. 无菌操作动作规范、熟练 3. 能对检测结果进行初步分析 4. 结果记录真实，字迹工整			
	遵守安全、卫生要求（5分）	1. 遵守实验室安全规范 2. 遵守实验室卫生规范			

续表

素质	内容		评价项目	评价		
	学习目标			个人评价（20%）	小组评价（30%）	教师评价（50%）
通用能力（10分）	动作协调能力（5分）		动作标准、仪器操作熟练			
	与人合作能力（5分）		能与同学互相配合，团结互助			
态度（10分）	认真、细致、勤劳		整个实验过程认真、仔细、勤劳			
小计						
总分						

【思考与练习】

1. 简述沙门氏菌的生物学特性。

2. 简述沙门氏菌的预防措施。

3. 完成生日蛋糕中沙门氏菌的快速检测。